T0239220

BestMasters

Mit „BestMasters" zeichnet Springer die besten Masterarbeiten aus, die an renommierten Hochschulen in Deutschland, Österreich und der Schweiz entstanden sind. Die mit Höchstnote ausgezeichneten Arbeiten wurden durch Gutachter zur Veröffentlichung empfohlen und behandeln aktuelle Themen aus unterschiedlichen Fachgebieten der Naturwissenschaften, Psychologie, Technik und Wirtschaftswissenschaften.

Die Reihe wendet sich an Praktiker und Wissenschaftler gleichermaßen und soll insbesondere auch Nachwuchswissenschaftlern Orientierung geben.

Andreas Künnemann

Lösbarkeit von Randwertproblemen mittels komplexer Integralgleichungen

Anwendung funktionentheoretischer Methoden zum Erhalt klassischer Lösungen

 Springer Spektrum

Andreas Künnemann
Cottbus, Deutschland

BestMasters
ISBN 978-3-658-13125-8   ISBN 978-3-658-13126-5   (eBook)
DOI 10.1007/978-3-658-13126-5

Die Deutsche Nationalbibliothek verzeichnet diese Publikation in der Deutschen National-
bibliografie; detaillierte bibliografische Daten sind im Internet über http://dnb.d-nb.de abrufbar.

Springer Spektrum

Gedruckt auf säurefreiem und chlorfrei gebleichtem Papier

Springer Spektrum ist Teil von Springer Nature
Die eingetragene Gesellschaft ist Springer Fachmedien Wiesbaden GmbH

Vorwort

Ein Randwertproblem ist ein mathematisches Problem, bei dem eine Funktion gesucht wird, die in einem Gebiet eine Differentialgleichung löst und auf dem Rand des Gebietes einer zusätzlichen Bedingung genügt. Solche Probleme sind in vielfältiger Form beispielsweise in der Physik anzutreffen. In natürlicher Weise bleibt vor der Suche nach einer Lösung offen, ob ein vorgelegtes Randwertproblem überhaupt lösbar ist. Dieser Fragestellung gehen wir in der vorliegenden Arbeit nach.

Wir wollen dabei derartige Randwertprobleme betrachten, in denen die auftretenden Differentialgleichungen partielle sind. Da sich partielle Differentialgleichungen im Gegensatz zu gewöhnlichen einer einheitlichen Anschauung entziehen, sind mit verschiedenen Typen von partiellen Differentialgleichungen auch unterschiedliche Methoden und Lösungsansätze verknüpft. Wir werden uns deshalb auf spezielle Klassen von Randwertproblemen konzentrieren.

Bei unseren Ausführungen stützen wir uns vorwiegend auf die Ideen von [Ve63] und folgen diesen. Zu bemerken ist jedoch, dass diese einerseits trotz des Umfangs des Gesamtwerkes in Teilen lückenhaft und unübersichtlich dargestellt sind. Andererseits wird der Fokus in [Ve63] auf schwache beziehungsweise verallgemeinerte Lösungen gelegt.

Im Gegensatz dazu sind wir an klassischen Lösungen interessiert, da der Wert einer Lösung auch in ihrer Regularität besteht. Wir werden die Methoden aus [Ve63] dahingehend anpassen. Zudem bemühen wir uns um eine ausführliche und gut verständliche Darstellung der zugrundeliegenden Erkenntnisse.

Danksagung

An dieser Stelle möchte ich die Gelegenheit nutzen, um mich bei einigen Personen zu bedanken, die mich während der Anfertigung dieser Arbeit in besonderer Weise unterstützt haben.

Mein ganz herzlicher Dank gilt meinem Betreuer Herrn Prof. Dr. Friedrich Sauvigny, der mir das vorliegende Thema anvertraute und mir die nötige Freiheit in der Gestaltung dieser Arbeit gab.

Gleichzeitig möchte ich auch Herrn Dr. Michael Hilschenz danken, der immer ein offenes Ohr für mich hatte und mir oft seine Zuversicht entgegenbrachte.

Außerdem spreche ich meinen Weggefährten Frau Imke Höfers und Herrn Christian Schwan, die ich über unser Studium hinaus als sehr gute Freunde schätze, einen besonderen Dank für das Korrekturlesen dieser Arbeit aus.

Ebenso erwähnen möchte ich Herrn Prof. Dr. Steffen Fröhlich, welcher sich als Zweitgutachter dieser Arbeit zur Verfügung stellte.

Am Ende will ich es nicht versäumen auch meiner Mutter zu danken, die mir während meines gesamten Studiums stets den Rücken frei hielt und mich so wunderbar unterstützte.

Cottbus, im März 2015   Andreas Künnemann

Inhaltsverzeichnis

1 Zum Aufbau der Arbeit

Zunächst bauen wir im Kapitel 2 das mathematische Fundament für diese Arbeit auf, indem wir für uns wichtige Ergebnisse der Funktionalanalysis sowie der Funktionentheorie aus entsprechender Literatur darlegen. Gleichzeitig wird der Leser mit verwendeter Notation und stillschweigenden Vereinbarungen vertraut gemacht.

Im Kapitel 3 starten wir unsere Untersuchungen zur Lösbarkeit von Randwertproblemen. Wir formulieren eine Klasse von Problemen für elliptische Differentialgleichungen zweiter Ordnung in zwei reellen Veränderlichen. Derartige Randwertprobleme sollen erstmals von Henri Poincaré im Zusammenhang mit Fragen der Himmelsmechanik diskutiert worden sein. Der Methode von [Ve63] folgend überführen wir die auftretende Differentialgleichung zweiter Ordnung im Anschluss daran in ein Differentialgleichungssystem erster Ordnung. Dieses fassen wir dann wiederum als komplexe Differentialgleichung erster Ordnung auf, da wir Randwertprobleme für Funktionen zweier Veränderlicher betrachten. Indem wir eine Äquivalenz zwischen den Lösungen der verschiedenen Randwertprobleme herstellen, können wir uns bei den Ausführungen auf das komplexe Randwertproblem zurückziehen. Dies eröffnet uns insbesondere den Zugang zu Methoden der Funktionentheorie.

Gleichzeitig konzentrieren wir uns auf die ausschließliche Betrachtung einfach zusammenhängender Gebiete.

Bevor wir uns mit dem komplexen Randwertproblem weiter beschäftigen, untersuchen wir im Kapitel 4 die Eigenschaften von Integraloperatoren. Auch hier orientieren wir uns vorwiegend an [Ve63], liefern allerdings mithilfe weiterer Quellen eine umfassende Aufarbeitung von Beweisen. Zudem führen wir den assoziierten Vekuaschen Integraloperator formal ein und arbeiten seine Eigenschaften heraus.

Ausgehend vom komplexen Randwertproblem aus dem Kapitel 3 formulieren wir zu Beginn des Kapitels 5 ein verallgemeinertes komplexes Randwertproblem. Angeregt durch die knappe Darstellung in [Ve56] leiten wir anschließend ausführlich eine Darstellungsformel für Lösungen des klassischen Riemann-Hilbertschen Randwertproblems, welches ein Spezialfall des allgemeinen Problems ist, her. Wir greifen dann mit [Ca33] ein Ergebnis Torsten Carlemans über die Nullstellen von Lösungen einer komplexen Differentialgleichung auf. Unterstützt durch die Ausführungen von [Be53] geben wir einen ausführlichen Beweis des Satzes von Carleman an. Anschließend leisten wir unter Verwendung des Satzes von Carleman ausreichend Vorarbeit um das sogenannte Ähnlichkeitsprinzip von Bers und Vekua mithilfe der Ideen von [Be53] zu zeigen. Am Ende des Kapitels ermöglicht uns das Ähnlichkeitsprinzip von Bers und Vekua das allgemeine komplexe Randwertproblem in die kanonische Form zu transformieren.

Wir erklären dabei den Begriff des Indexes.

Die Erkenntnisse der vorangegangenen Kapitel bündeln sich schließlich im Kapitel 6. Dort überführen wir die kanonische Form des allgemeinen Randwertproblems in eine Integralgleichung und können die Lösbarkeit des Randwertproblems an die der Integralgleichung knüpfen. Hierbei betrachten wir ausschließlich die offene Einheitskreisscheibe. Mit den Ideen von [Ve63] gelangen wir zu einer speziellen Integralgleichung, die wir als Operatorgleichung auffassen. Da wir den auftretenden Operator als Fredholm-Operator erkennen, untersuchen wir schließlich die Lösungen der homogenen Integralgleichung. Wiederum den Ausführungen in [Ve63] folgend zeigt sich, dass die vorgelegte Integralgleichung immer gelöst werden kann. Auf dem Weg dorthin schließen wir gleichzeitig wieder einige Lücken.

Somit zeigt sich, dass auch das allgemeine komplexe Randwertproblem zu einem nicht negativen Index unter relativ schwachen Voraussetzungen an die gegebenen Koeffizienten und rechten Seiten für die offene Einheitskreisscheibe stets lösbar ist.

Am Ende wollen wir sogar eine explizite Darstellung einer Lösung des allgemeinen komplexen Randwertproblems unter einer spezielleren Voraussetzung herleiten, die in keiner der angegebenen Quellen gefunden wurde. Zudem diskutieren wir noch grob die Übertragbarkeit der Ergebnisse auf andere Gebiete.

2 Grundlagen

Zunächst tragen wir in diesem Kapitel einige mathematische Grundlagen zusammen. Diese erläutern einerseits die verwendete Notation, andererseits stellen sie das theoretische Fundament für diese Arbeit zur Verfügung. Größtenteils handelt es sich hierbei um Definitionen und Sätze, die als allgemein bekannt angesehen werden.
Wir beginnen mit einigen grundlegenden Begriffen und gehen anschließend auf die für unsere Betrachtungen relevanten Erkenntnisse der Funktionalanalysis sowie der Funktionentheorie ein.
Das Ziel soll es sein, ein Nachschlagen in der entsprechenden Fachliteratur zu erübrigen. Es sei jedoch ausdrücklich darauf hingewiesen, dass wir nicht den Anspruch einer umfassenden Darstellung von Zusammenhängen haben.
Weitere, hier nicht explizit aufgeführte Kenntnisse, die den ersten beiden Semestern eines Mathematik-Studiums zuzuordnen sind, setzen wir als bekannt voraus und verweisen auf entsprechende Grundlagenliteratur wie [Sa14] oder auch [Fi10].

2.1 Elementare Begriffe

Zu Beginn machen wir einige Bemerkungen, welche vor allem die übliche Notation einführen und Vereinbarungen treffen, die wir im weiteren Verlauf stillschweigend voraussetzen.

2.1.1 Einführende Hinweise

Da wir später partielle Differentialgleichungen in zwei reellen Veränderlichen x und y mit komplexen Differentialgleichungen einer komplexen Veränderlichen z verknüpfen, nutzen wir die übliche Identifikation von $\mathbb{R}^2$ mit $\mathbb{C}$.
Wir verwenden dementsprechend die komplexen Variablen $z = x + iy$ beziehungsweise $\zeta = \xi + i\eta$, die wir gleichzeitig auch als Punkte (x, y) und (ξ, η) im $\mathbb{R}^2$ ansehen. Zusätzlich weisen wir darauf hin, dass wir eine Funktion f der reellen Variablen x und y auch als Funktion von z schreiben und umgekehrt.
Wie üblich bezeichnen wir mit

$$C(\Omega, \mathbb{R}^m) = \{f \colon \Omega \to \mathbb{R}^m \ : \ f \text{ ist stetig auf } \Omega\}$$

den Vektorraum der stetigen Funktionen, die von einer Menge $\Omega \subset \mathbb{R}^j$ nach $\mathbb{R}^m$ abbilden. Analog erklären wir den Raum aller auf einer offenen Menge $\Omega \subset \mathbb{R}^j$ k-mal stetig differenzierbaren Funktionen $f \colon \Omega \to \mathbb{R}^m$ mit $C^k(\Omega, \mathbb{R}^m)$. Wir setzen dabei $C(\Omega, \mathbb{R}^m) = C^0(\Omega, \mathbb{R}^m)$.

Für eine komplexe Funktion $f\colon \Omega \to \mathbb{C}$ mit $\Omega \subset \mathbb{C}$ sei angemerkt, dass wir diese auch mittels zweier reeller Funktionen $u(x,y)$ und $v(x,y)$ durch

$$f(z) = u(x,y) + iv(x,y)$$

mit $z = x + iy$ darstellen können. Die Funktion f gehört dann zur Klasse $C^k(\Omega, \mathbb{C})$, wenn die Funktionen u und v zur Klasse $C^k(\Omega, \mathbb{R})$ gehören.

Wollen wir den Bildbereich Ω_0 besonders hervorheben, schreiben wir auch $C^k(\Omega, \Omega_0)$. Hingegen notieren wir kurz $C^k(\Omega)$, wenn der Bildbereich aus dem Kontext ersichtlich ist.

Zudem setzen wir $f \in C^k(\overline{\Omega})$, wenn f auf der offenen Menge Ω zur Klasse $C^k(\Omega)$ gehört und alle Ableitungen bis zur Ordnung k stetig auf $\overline{\Omega}$ fortsetzbar sind.

Da wir im Verlauf der Arbeit Probleme in den zwei Variablen x und y betrachten, erklären wir den Nabla-Operator ∇ zu einer Funktion $f \in C^1(\Omega)$ durch

$$\nabla f = (\partial f / \partial x, \partial f / \partial y)^{\mathrm{T}} = (f_x, f_y)^{\mathrm{T}}$$

und den Laplace-Operator Δ zu $f \in C^2(\Omega)$ durch

$$\Delta f = \frac{\partial^2 f}{\partial x^2} + \frac{\partial^2 f}{\partial y^2} = f_{xx} + f_{yy} \, ,$$

wobei $\Omega \subset \mathbb{R}^2$ offen ist.

2.1.2 Gebiete

Wir kommen nun zum ersten Begriff, der uns in dieser Arbeit permanent begleiten wird. Wie in [Sa14, Kap. II, § 5, Definition 4] erklären wir ein Gebiet folgendermaßen.

Definition 2.1 (Gebiet). Eine nichtleere offene Menge $G \subset \mathbb{C}$ heißt Gebiet, wenn sie in dem Sinne zusammenhängend ist, dass es zu je zwei Punkten $z_1, z_2 \in G$ einen stetigen Weg

$$\zeta(t) = \xi(t) + i\eta(t) : [0,1] \to G \in C([0,1], G)$$

mit $\zeta(0) = z_1$ und $\zeta(1) = z_2$ gibt.

Bemerkung 2.1. Ein Gebiet $G \subset \mathbb{R}^2$ wird analog definiert.

Da wir gewisse Sätze später verwenden möchten, müssen wir den Begriff eines Gebietes noch etwas spezialisieren. Wir wählen daher die folgende Definition, welche an die Ausführungen von [Sa04, Kap. IV, § 4] angelehnt ist.

Definition 2.2 (Reguläres C^1-Gebiet). Wir bezeichnen ein beschränktes Gebiet $G \subset \mathbb{C}$ als reguläres C^1-Gebiet, falls die folgenden Bedingungen erfüllt sind:

a) Alle Punkte des Randes ∂G von G sind von außen erreichbar, das heißt zu jedem $z_0 \in \partial G$ existiert eine Folge $\{z_k\}_{k=1,2,\dots}$ mit $z_k \in \mathbb{C} \setminus \overline{G}$ für $k \in \mathbb{N}$, sodass

$$\lim_{k \to \infty} z_k = z_0$$

richtig ist.

b) Es gibt $N \in \mathbb{N}$ reguläre C^1-Kurven

$$\zeta^{(j)}(t) : [\tau_1^{(j)}, \tau_2^{(j)}] \to \mathbb{C} \in C^1([\tau_1^{(j)}, \tau_2^{(j)}], \mathbb{C}) \qquad (j = 1, \ldots, N)$$

derart, dass $\zeta^{(j)}$ injektiv ist und für die Bilder

$$\bigcup_{j=1}^{N} \zeta^{(j)}\left([\tau_1^{(j)}, \tau_2^{(j)}]\right) = \partial G$$

sowie

$$\zeta^{(j)}\left((\tau_1^{(j)}, \tau_2^{(j)})\right) \cap \zeta^{(k)}\left((\tau_1^{(k)}, \tau_2^{(k)})\right) = \varnothing$$

für alle $j, k \in \{1, \ldots, N\}$ mit $j \neq k$ gilt.

Wir vereinbaren, dass wir fortan stets reguläre C^1-Gebiete betrachten ohne dies explizit zu erwähnen.

Es gibt noch die Möglichkeit Gebiete bezüglich ihres Zusammenhangs einzuteilen. Wir unterscheiden hier zwischen einfach zusammenhängenden und nicht einfach beziehungsweise mehrfach zusammenhängenden Gebieten.

Kurz gefasst wird ein einfach zusammenhängendes Gebiet durch eine einfach geschlossene Randkurve Γ begrenzt. Hingegen werden mehrfach zusammenhängende Gebiete durch $m + 1$ einfach geschlossene Kurven $\Gamma_0, \Gamma_1, \ldots, \Gamma_m$ berandet, welche paarweise disjunkt sind. Zudem mögen die Randkurven $\Gamma_1, \ldots, \Gamma_m$ im Inneren von Γ_0 liegen.

Wir sagen, dass wir eine Randkurve Γ mathematisch positiv durchlaufen, wenn das umschlossene Gebiet G dabei links des Randes liegt.

2.2 Bedeutsame funktionalanalytische Grundlagen

Zunächst werden wir einige Definitionen und Sätze aus der Funktionalanalysis zusammenstellen. Für weiterführende Zusammenhänge und Begriffe, die hier nicht behandelt werden können, empfiehlt sich ein Studium von [Sa04], [Sa05] sowie [HS91].

2.2.1 Hölder-stetige Funktionen

Wir gehen nun auf Hölder-stetige Funktionen etwas näher ein. Dazu folgen wir der Begriffsbildung in [Be53, Chap. I, § 1] und erhalten die nachstehenden Definitionen.

Definition 2.3 (Hölder-stetige Funktion). Auf der offenen Menge $\Omega \subset \mathbb{C}$ nennen wir eine Funktion $f \colon \Omega \to \mathbb{C}$ Hölder-stetig, falls zu jeder kompakten Teilmenge $K \subset \Omega$ eine Konstante $M \geq 0$ und ein Exponent $\kappa \in (0, 1]$ existieren, die nur von K abhängen, sodass

$$|f(z_1) - f(z_2)| \leq M |z_1 - z_2|^{\kappa}$$

für alle $z_1, z_2 \in K$ gilt.

Definition 2.4 (Gleichmäßig Hölder-stetige Funktion). Wir nennen eine Funktion $f: \Omega \to \mathbb{C}$ auf einer Menge $\Omega \subset \mathbb{C}$ gleichmäßig Hölder-stetig, wenn eine Konstante $M \geq 0$ und ein Exponent $\kappa \in (0,1]$ existieren, sodass

$$|f(z_1) - f(z_2)| \leq M\,|z_1 - z_2|^\kappa$$

für alle $z_1, z_2 \in \Omega$ gilt.

Entsprechend dieser Definitionen ist jede (gleichmäßig) Hölder-stetige Funktion auch stetig.

Bemerkung 2.2. Eine auf Ω Hölder-stetige Funktion ist auf jeder kompakten Teilmenge von Ω gleichmäßig Hölder-stetig.

Wir zeigen jetzt einige einfache Eigenschaften Hölder-stetiger Funktionen. Als Erstes betrachten wir die Verknüpfung Hölder-stetiger Funktionen.

Lemma 2.1. *Es seien die zwei Funktionen* $f_j\colon \Omega \to \mathbb{C}$, $j = 1,2$ *auf der beschränkten Menge* $\Omega \subset \mathbb{C}$ *Hölder-stetig. Dann sind auch die Funktionen*

a) $(f_1 + f_2)(z) = f_1(z) + f_2(z)$,

b) $(f_1 f_2)(z) = f_1(z)\,f_2(z)$ *sowie*

c) $\frac{f_1}{f_2}(z) = \frac{f_1(z)}{f_2(z)}$, *falls zusätzlich* $|f_2(z)| \geq \epsilon$ *für ein* $\epsilon > 0$ *und alle* $z \in \Omega$ *gilt,*

auf Ω *Hölder-stetig.*

Beweis. Wir wählen eine beliebige kompakte Teilmenge $K \subset \Omega$. Dann existieren Konstanten $M_1, M_2 \geq 0$ und Exponenten $\kappa_1, \kappa_2 \in (0,1]$, sodass

$$|f_j(z_1) - f_j(z_2)| \leq M_j\,|z_1 - z_2|^{\kappa_j}$$

für alle $z_1, z_2 \in K$ und $j = 1,2$ gilt.
Setzen wir $\kappa_0 = \min\{\kappa_1, \kappa_2\} \in (0,1]$, sehen wir direkt

$$
\begin{aligned}
|(f_1 + f_2)(z_1) - (f_1 + f_2)(z_2)| &\leq |f_1(z_1) - f_1(z_2)| + |f_2(z_1) - f_2(z_2)| \\
&\leq M_1\,|z_1 - z_2|^{\kappa_1} + M_2\,|z_1 - z_2|^{\kappa_2} \\
&= \left(M_1\,|z_1 - z_2|^{\kappa_1 - \kappa_0} + M_2\,|z_1 - z_2|^{\kappa_2 - \kappa_0} \right) |z_1 - z_2|^{\kappa_0}
\end{aligned}
$$

für alle $z_1, z_2 \in K$.
Da die Menge K kompakt ist, existiert eine obere Schranke $M_0^{(1)} \geq 0$, sodass

$$M_1\,|z_1 - z_2|^{\kappa_1 - \kappa_0} + M_2\,|z_1 - z_2|^{\kappa_2 - \kappa_0} \leq M_0^{(1)}$$

für alle $z_1, z_2 \in K$ gilt. Die Funktion $f_1 + f_2$ ist somit Hölder-stetig auf Ω.
Für das Produkt der Funktionen f_1 und f_2 beachten wir

$$
\begin{aligned}
|(f_1 f_2)(z_1) - (f_1 f_2)(z_2)| &= |(f_1 f_2)(z_1) - f_1(z_1)\,f_2(z_2) + f_1(z_1)\,f_2(z_2) - (f_1 f_2)(z_2)| \\
&\leq |f_1(z_1)|\,|f_2(z_1) - f_2(z_2)| + |f_2(z_2)|\,|f_1(z_1) - f_1(z_2)| \\
&\leq |f_1(z_1)|\,M_2\,|z_1 - z_2|^{\kappa_2} + |f_2(z_2)|\,M_1\,|z_1 - z_2|^{\kappa_1} \\
&\leq M_0^{(2)}\,|z_1 - z_2|^{\kappa_0}
\end{aligned}
$$

für alle $z_1, z_2 \in K$, wobei wir aufgrund der Stetigkeit der Funktionen f_1 und f_2 auf der kompakten Menge K die Abschätzung

$$|f_1(z_1)| M_2 |z_1 - z_2|^{\kappa_2 - \kappa_0} + |f_2(z_2)| M_1 |z_1 - z_2|^{\kappa_1 - \kappa_0} \leq M_0^{(2)}$$

für alle $z_1, z_2 \in K$ mit einer Konstante $M_0^{(2)} \geq 0$ gewährleisten können. Das Produkt Hölder-stetiger Funktionen ist also wieder eine Hölder-stetige Funktion.

Abschließend ermitteln wir unter Verwendung der zusätzlichen Bedingung an f_2

$$\left| \frac{f_1}{f_2}(z_1) - \frac{f_1}{f_2}(z_2) \right| = \left| \frac{f_1(z_1) f_2(z_2) - f_1(z_2) f_2(z_1)}{f_2(z_1) f_2(z_2)} \right|$$
$$\leq \frac{1}{\epsilon^2} |f_1(z_1) f_2(z_2) - f_1(z_2) f_2(z_1)|$$

für alle $z_1, z_2 \in K$.
Wir beachten noch

$$|f_1(z_1) f_2(z_2) - f_1(z_2) f_2(z_1)| \leq |f_1(z_1) f_2(z_2) - f_1(z_1) f_2(z_1)|$$
$$+ |f_1(z_1) f_2(z_1) - f_1(z_2) f_2(z_1)|$$
$$= |f_1(z_1)| |f_2(z_1) - f_2(z_2)| + |f_2(z_1)| |f_1(z_1) - f_1(z_2)|$$
$$\leq |f_1(z_1)| M_2 |z_1 - z_2|^{\kappa_2} + |f_2(z_1)| M_1 |z_1 - z_2|^{\kappa_1}$$
$$\leq M_0^{(3)} |z_1 - z_2|^{\kappa_0}$$

für alle $z_1, z_2 \in K$. Dabei können wir auch hier mithilfe der Stetigkeit der Funktionen f_1 und f_2 auf der kompakten Menge K eine Konstante $M_0^{(3)} \geq 0$ finden, sodass

$$|f_1(z_1)| M_2 |z_1 - z_2|^{\kappa_2 - \kappa_0} + |f_2(z_1)| M_1 |z_1 - z_2|^{\kappa_1 - \kappa_0} \leq M_0^{(3)}$$

für alle $z_1, z_2 \in K$ richtig ist. Die Funktion $\frac{f_1}{f_2}$ ist daher auf Ω Hölder-stetig. $\square$

Wir entnehmen dem nächsten Lemma, dass auch bei der Verkettung von Funktionen die Hölder-Stetigkeit erhalten bleibt.

Lemma 2.2. *Seien die Funktionen* $f_j \colon \Omega_j \to \mathbb{C}$, $j = 1, 2$ *auf den beschränkten Mengen* $\Omega_1 \subset \mathbb{C}$ *beziehungsweise* $\Omega_2 \subset \mathbb{C}$ *Hölder-stetig und für das Bild von* f_1 *gilt* $f_1(\Omega_1) \subset \Omega_2$. *Dann ist auch die Funktion* $f_0(z) = f_2(f_1(z))$ *auf* Ω_1 *Hölder-stetig.*

Beweis. Sei $K_1 \subset \Omega_1$ eine beliebige kompakte Teilmenge von Ω_1. Wir setzen dann $K_2 = f_1(K_1)$. Aufgrund der Stetigkeit von f_1 ist auch K_2 kompakt. Nun existieren Konstanten $M_1, M_2 \geq 0$ und Exponenten $\kappa_1, \kappa_2 \in (0, 1]$, sodass

$$|f_j(z_1) - f_j(z_2)| \leq M_j |z_1 - z_2|^{\kappa_j}$$

für alle $z_1, z_2 \in K_j$, $j = 1, 2$, gilt.
Damit berechnen wir

$$|f_0(z_1) - f_0(z_2)| = |f_2(f_1(z_1)) - f_2(f_1(z_2))|$$
$$\leq M_2 |f_1(z_1) - f_1(z_2)|^{\kappa_2}$$
$$\leq M_2 (M_1 |z_1 - z_2|^{\kappa_1})^{\kappa_2} = M_2 M_1^{\kappa_2} |z_1 - z_2|^{\kappa_1 \kappa_2}$$

für alle $z_1, z_2 \in K_1$, woraus wegen $\kappa_1 \kappa_2 \in (0, 1]$ unmittelbar die Hölder-Stetigkeit der Funktion f_0 auf Ω_1 folgt. $\square$

Bemerkung 2.3. Die Lemmata 2.1 und 2.2 sind auch auf gleichmäßig Hölder-stetige Funktionen übertragbar.

Später werden wir die Aussage benötigen, dass jede stetig differenzierbare Funktion auch Hölder-stetig ist. Dazu zeigen wir das folgende Lemma.

Lemma 2.3. *Auf dem beschränkten und konvexen Gebiet $G \subset \mathbb{C}$ gehöre $f \colon G \to \mathbb{C}$ zur Klasse $C^1(G)$. Dann ist f auf G auch Hölder-stetig zu jedem Exponenten $\kappa \in (0,1]$.*

Beweis. Zunächst können wir die Funktion f in der Form $f(z) = u(x,y) + \mathrm{i}v(x,y)$ mit $z = x + \mathrm{i}y$ darstellen, wobei u und v reellwertige Funktionen sind. Wegen $f \in C^1(G)$ folgt $u, v \in C^1(G)$ und wir berechnen mithilfe des Mittelwertsatzes der Differentialrechnung für zwei beliebige Punkte $z_1, z_2 \in G$ mit $z_1 = x_1 + \mathrm{i}y_1$ und $z_2 = x_2 + \mathrm{i}y_2$ sowie $z_1 \neq z_2$

$$u(x_1, y_1) - u(x_2, y_2) = u_x(\xi_1, \eta_1)\,(x_1 - x_2) + u_y(\xi_1, \eta_1)\,(y_1 - y_2)$$

$$= \nabla u(\xi_1, \eta_1) \cdot \begin{pmatrix} x_1 - x_2 \\ y_1 - y_2 \end{pmatrix} .$$

Dabei liegt (ξ_1, η_1) auf der Verbindungsstrecke zwischen (x_1, y_1) und (x_2, y_2). Die Cauchy-Schwarzsche Ungleichung liefert dann

$$|u(x_1, y_1) - u(x_2, y_2)| = \left| \nabla u(\xi_1, \eta_1) \cdot \begin{pmatrix} x_1 - x_2 \\ y_1 - y_2 \end{pmatrix} \right| \leq |\nabla u(\xi_1, \eta_1)| \left| \begin{pmatrix} x_1 - x_2 \\ y_1 - y_2 \end{pmatrix} \right|$$

beziehungsweise

$$|u(x_1, y_1) - u(x_2, y_2)| \leq |\nabla u(\xi_1, \eta_1)|\,|z_1 - z_2| . \tag{2.1}$$

Mit einem Punkt (ξ_2, η_2) auf der Verbindungsstrecke zwischen (x_1, y_1) und (x_2, y_2) ermitteln wir völlig analog

$$|v(x_1, y_1) - v(x_2, y_2)| \leq |\nabla v(\xi_2, \eta_2)|\,|z_1 - z_2| \tag{2.2}$$

für die Funktion v.

Es sei nun $K_1 \subset G$ eine beliebige kompakte Teilmenge von G. Wir beachten, dass diese nicht zwingend konvex sein muss. Indem wir allerdings für je zwei Punkte $z_1, z_2 \in K_1$ auch deren Verbindungsstrecke hinzufügen, erhalten wir eine kompakte Menge K_2, die konvex ist und $K_1 \subset K_2 \subset G$ erfüllt.

Für zwei beliebige Punkte $z_1, z_2 \in K_1$ erhalten wir unter Verwendung von (2.1) und (2.2) nun

$$\begin{aligned}
|f(z_1) - f(z_2)| &= |u(x_1, y_1) + \mathrm{i}v(x_1, y_1) - u(x_2, y_2) - \mathrm{i}v(x_2, y_2)| \\
&\leq |u(x_1, y_1) - u(x_2, y_2)| + |v(x_1, y_1) - v(x_2, y_2)| \\
&\leq |\nabla u(\xi_1, \eta_1)|\,|z_1 - z_2| + |\nabla v(\xi_2, \eta_2)|\,|z_1 - z_2| \\
&= (|\nabla u(\xi_1, \eta_1)| + |\nabla v(\xi_2, \eta_2)|)\,|z_1 - z_2|
\end{aligned}$$

mit den Zwischenpunkten (ξ_1, η_1) und (ξ_2, η_2).

Die Punkte (ξ_1, η_1) und (ξ_2, η_2) befinden sich dabei für jede Wahl von $z_1, z_2 \in K_1$ nach Konstruktion in K_2. Aufgrund von $u, v \in C^1(G)$ sind die partiellen Ableitungen u_x, u_y, v_x sowie v_y in K_2 stetig und nehmen nach dem Fundamentalsatz von Weierstraß über Maxima und Minima in K_2 ihr Maximum an. Insbesondere folgt daher

$$|\nabla u(\xi_1, \eta_1)| + |\nabla v(\xi_2, \eta_2)| \leq M_1$$

mit einer Konstanten $M_1 \geq 0$.

Außerdem gibt es wegen der Beschränktheit des Gebietes G eine Konstante $M_2 > 0$, sodass

$$|z_1 - z_2| \leq |z_1| + |z_2| \leq M_2$$

für alle $z_1, z_2 \in G$ gilt.

Zusammenfassend erhalten wir somit zu jedem $\kappa \in (0, 1]$ die Abschätzung

$$
\begin{aligned}
|f(z_1) - f(z_2)| &\leq (|\nabla u(\xi_1, \eta_1)| + |\nabla v(\xi_2, \eta_2)|) \, |z_1 - z_2| \\
&\leq M_1 \, |z_1 - z_2|^{1-\kappa} \, |z_1 - z_2|^{\kappa} \\
&\leq M_1 \, M_2^{1-\kappa} \, |z_1 - z_2|^{\kappa} = M \, |z_1 - z_2|^{\kappa}
\end{aligned}
$$

für alle $z_1, z_2 \in K_1$, wobei wir $M = M_1 \, M_2^{1-\kappa}$ gesetzt haben. Entsprechend der Definition 2.3 ist $f \in C^1(G)$ also Hölder-stetig auf G. □

Wir beenden damit unsere Ausführungen zu Hölder-stetigen Funktionen.

2.2.2 Kurzer Abriss zu Banachräumen

Wir setzen voraus, dass die Definition eines Banachraumes, wie man sie unter anderem in [Sa04, Kap. II, § 6] findet, bekannt ist und wollen kurz einige dieser vollständigen normierten Vektorräume einführen.

Bemerkung 2.4. Für einen beliebigen Banachraum $\mathcal{X}$ bezeichnen wir die auf ihm erklärte Norm mit $\|\cdot\|_{\mathcal{X}}$.

Ohne Beweis entnehmen wir [Sa04, Kap. II, § 6] das folgende Ergebnis.

Satz 2.1. *Sei $K \subset \mathbb{C}$ kompakt. Dann wird der Raum $C(K, \mathbb{C})$ zusammen mit der Supremumsnorm*

$$\|f\|_{C(K)} = \sup_{z \in K} |f(z)|$$

für $f \in C(K, \mathbb{C})$ zu einem Banachraum.

Wenn wir den Banachraum $C(K, \mathbb{C})$ betrachten, versehen wir diesen immer mit der Supremumsnorm.

Wir wollen zusätzlich noch Lebesgue-Räume definieren.

Definition 2.5. Zu einem $p \in [1, \infty)$ und einer beschränkten Menge $\Omega \subset \mathbb{C}$ erklären wir den Raum $L^p(\Omega)$ durch

$$L^p(\Omega) = \left\{ f \colon \Omega \to \mathbb{C} \cup \{\infty\} \colon \iint\limits_{\Omega} |f(z)|^p \, \mathrm{d}x \, \mathrm{d}y < \infty \right\}$$

und die L^p-Norm mittels

$$\|f\|_{L^p(\Omega)} = \left(\iint\limits_{\Omega} |f(z)|^p \, \mathrm{d}x \, \mathrm{d}y \right)^{\frac{1}{p}}$$

für jedes $f \in L^p(\Omega)$.

Bemerkung 2.5. Genau genommen handelt es sich bei $\|\cdot\|_{L^p(\Omega)}$ um keine echte Norm auf dem Raum $L^p(\Omega)$, da die Bedingung

$$\|f\|_{L^p(\Omega)} = 0 \qquad \Leftrightarrow \qquad f = 0$$

in diesem nicht gewährleistet wird. Durch die Bildung einer Äquivalenzklasse kann der Raum $\mathcal{L}^p(\Omega)$ eingeführt werden, auf dem $\|\cdot\|_{L^p(\Omega)}$ eine Norm ist. Für Details hierzu verweisen wir auf [Sa04, Kap. II, § 7].

Wir entnehmen [Sa04, Kap. II, § 7, Satz 1] zusätzlich die Höldersche Ungleichung.

Satz 2.2 (Höldersche Ungleichung). *Seien $p, q \in (1, \infty)$ mit $p^{-1}+q^{-1} = 1$ gegeben. Dann gilt*

$$\|f\,g\|_{L^1(\Omega)} \leq \|f\|_{L^p(\Omega)} \, \|g\|_{L^q(\Omega)}$$

für $f \in L^p(\Omega)$ und $g \in L^q(\Omega)$.

2.2.3 Vollstetige Operatoren

An dieser Stelle lernen wir noch vollstetige Operatoren auf Banachräumen und einige ihrer Eigenschaften kennen. Wir folgen [HS91, Kap. VII, § 24, Definition 24.1] und erklären vollstetige Operatoren folgendermaßen.

Definition 2.6 (Vollstetiger Operator). Seien $\mathcal{X}$ und $\mathcal{Y}$ zwei Banachräume. Ein Operator $\Upsilon \colon \mathcal{X} \to \mathcal{Y}$ heißt dann vollstetig, wenn die Bildfolge $\{\Upsilon[f_k]\}_{k=1,2,\ldots}$ jeder beschränkten Folge $\{f_k\}_{k=1,2,\ldots}$ mit $f_k \in \mathcal{X}$ für $k = 1, 2, \ldots$ eine konvergente Teilfolge enthält.

Bemerkung 2.6. Wie in [HS91, Kap. VII, § 24, Definition 24.1] wird ein Operator oft als vollstetig oder auch kompakt bezeichnet, wenn eine von drei gleichwertigen Bedingungen erfüllt wird. Da wir ausschließlich die hier angegebene Bedingung zum Nachweis der Vollstetigkeit nutzen werden, wollen wir auf die Angabe der anderen Bedingungen verzichten.

Im Gegensatz zu [HS91], die von kompakten Operatoren sprechen, folgen wir [Sa05] und verwenden den Begriff des vollstetigen Operators. Terminologisch soll für uns dabei jedoch kein Unterschied zum Begriff des kompakten Operators bestehen.

Bevor wir ein Kriterium zum Nachweis der Vollstetigkeit eines Operators beweisen, benötigen wir noch die Kenntnis des Auswahlsatzes von Arzelà-Ascoli, welchen wir [Sa14, Kap. VI, § 4, Satz 2] entnehmen.

Satz 2.3 (Auswahlsatz von Arzelà-Ascoli). *Sei $K \subset \mathbb{C}$ kompakt und eine Funktionenfamilie*

$$\mathcal{F} = \{f_j \colon K \to \mathbb{C} \ : \ j \in \mathcal{J}\}$$

zur Indexmenge $\mathcal{J}$ mit den nachfolgenden Eigenschaften gegeben:

a) *$\mathcal{F}$ ist gleichmäßig beschränkt, das heißt, es existiert ein $M > 0$ mit*

$$|f_j(z)| \leq M$$

für alle $z \in K$ und alle $j \in \mathcal{J}$.

b) *$\mathcal{F}$ ist gleichgradig stetig, das heißt, zu jedem $\epsilon > 0$ gibt es ein $\delta > 0$, sodass*

$$|f_j(z_1) - f_j(z_2)| < \epsilon$$

für alle $z_1, z_2 \in K$ mit $|z_1 - z_2| < \delta$ und alle $j \in \mathcal{J}$ gilt.

Dann existiert in $\mathcal{F}$ eine Teilfolge $\{f_k\}_{k=1,2,\ldots}$ mit $f_k \in \mathcal{F}$ für $k = 1, 2, \ldots$, die auf K gleichmäßig gegen die stetige Funktion $f \colon K \to \mathbb{C}$ konvergiert.

Damit zeigen wir einen Satz, den wir später für die auftretenden Integraloperatoren benötigen werden. Dieser charakterisiert einen linearen Operator, dessen Bilder beschränkt sind und einer gewissen Hölder-Bedingung genügen, als vollstetig.

Satz 2.4. *Es seien $G \subset \mathbb{C}$ ein beschränktes Gebiet und $\Upsilon \colon C(\overline{G}, \mathbb{C}) \to C(\overline{G}, \mathbb{C})$ ein linearer Operator. Zusätzlich mögen Konstanten $M_1 > 0$ und $M_2 > 0$ sowie $\kappa \in (0,1]$ existieren, sodass für jedes $f \in C(\overline{G})$ die Abschätzungen*

$$|\Upsilon[f](z)| \leq M_1 \, \|f\|_{C(\overline{G})} \tag{2.3}$$

$$|\Upsilon[f](z_1) - \Upsilon[f](z_2)| \leq M_2 \, \|f\|_{C(\overline{G})} \, |z_1 - z_2|^\kappa \tag{2.4}$$

für alle $z, z_1, z_2 \in \overline{G}$ gültig sind.
Dann ist der Operator $\Upsilon \colon C(\overline{G}, \mathbb{C}) \to C(\overline{G}, \mathbb{C})$ auch vollstetig.

Beweis. Wir zeigen, dass Υ der in Definition 2.6 angegebenen Bedingung genügt. Dazu wählen wir eine beliebige beschränkte Folge $\{f_k\}_{k=1,2,\ldots}$ mit $f_k \in C(\overline{G})$ für $k \in \mathbb{N}$. Für diese existiert also eine Konstante $M_0 > 0$, sodass

$$\|f_k\|_{C(\overline{G})} \leq M_0$$

für $k = 1, 2, \ldots$ richtig ist.
Damit ergibt sich für jedes Folgenelement f_k aus (2.3)

$$|\Upsilon[f_k](z)| \leq M_1 \, \|f_k\|_{C(\overline{G})} \leq M_1 M_0 \tag{2.5}$$

für alle $z \in \overline{G}$ und aus (2.4) für alle $z_1, z_2 \in \overline{G}$

$$|\Upsilon[f_k](z_1) - \Upsilon[f_k](z_2)| \leq M_2 \, \|f_k\|_{C(\overline{G})} \, |z_1 - z_2|^\kappa \leq M_2 M_0 \, |z_1 - z_2|^\kappa . \tag{2.6}$$

Fassen wir die Bildfolge $\{\Upsilon[f_k]\}_{k=1,2,\ldots}$ nun als eine Funktionenfamilie $\mathcal{F}$ auf, so ist diese wegen (2.5) gleichmäßig beschränkt.

Zudem ist $\mathcal{F}$ aufgrund von (2.6) auch gleichgradig stetig. Um dies einzusehen bemerken wir, dass zu jedem $\epsilon > 0$ mit

$$\delta = \left(\frac{\epsilon}{M_2 M_0} \right)^{\frac{1}{\kappa}}$$

eine Konstante $\delta > 0$ existiert, sodass unter Beachtung von (2.6)

$$|\Upsilon[f_k](z_1) - \Upsilon[f_k](z_2)| < M_2 M_0 \, \delta^\kappa = \epsilon$$

für alle $z_1, z_2 \in \overline{G}$ mit $|z_1 - z_2| < \delta$ und jedes $k \in \mathbb{N}$ gilt.

Wir können auf die Funktionenfamilie $\mathcal{F}$ daher den Auswahlsatz von Arzelà-Ascoli (Satz 2.3) anwenden. Danach besitzt $\mathcal{F}$ und somit auch die Bildfolge $\{\Upsilon[f_k]\}_{k=1,2,\ldots}$ eine gleichmäßig konvergente Teilfolge. Die Teilfolge konvergiert also bezüglich der Supremumsnorm.

Der Operator $\Upsilon \colon C(\overline{G}, \mathbb{C}) \to C(\overline{G}, \mathbb{C})$ ist gemäß der Definition 2.6 vollstetig. $\qquad \square$

Bemerkung 2.7. Die Abschätzung (2.3) im Satz 2.4 ist äquivalent dazu, dass der Operator $\Upsilon \colon C(\overline{G}, \mathbb{C}) \to C(\overline{G}, \mathbb{C})$ ein beschränkter linearer Operator ist.

Da (2.3) für alle $z \in \overline{G}$ gilt, folgt insbesondere

$$|\Upsilon[f](z)| \le \sup_{z \in \overline{G}} |\Upsilon[f](z)| = \|\Upsilon[f]\|_{C(\overline{G})} \le M_1 \, \|f\|_{C(\overline{G})}$$

für jedes $z \in \overline{G}$ und alle $f \in C(\overline{G})$ beziehungsweise

$$\|\Upsilon\| \le M_1 < \infty \, .$$

Wir werden später ein komplexes Randwertproblem in eine Integralgleichung überführen und die Lösbarkeit dieser anstelle des Randwertproblems diskutieren.

Da wir eine Integralgleichung auch als Operatorgleichung auffassen können, wollen wir ein Kriterium zur Verfügung stellen, das die Lösbarkeit von Operatorgleichungen angibt. Ein Ergebnis von Riesz aus [Sa05, Kap. VII, § 4, Satz 4] liefert uns dieses.

Satz 2.5 (F. Riesz). *Es sei* $\Upsilon \colon \mathcal{X} \to \mathcal{X}$ *ein vollstetiger Operator auf dem Banachraum* $\mathcal{X}$. *Für den zugehörigen Fredholmoperator* $\mathcal{T} = \mathrm{Id}_\mathcal{X} - \Upsilon$ *sei zudem die Äquivalenz*

$$\mathcal{T}[f] = f - \Upsilon[f] = 0 \qquad \Leftrightarrow \qquad f = 0$$

gegeben. Der Nullraum von $\mathcal{T}$ *möge also nur aus dem Nullelement bestehen. Dann ist* $\mathcal{T} \colon \mathcal{X} \to \mathcal{X}$ *bijektiv und der zu* $\mathcal{T}$ *inverse Operator* $\mathcal{T}^{-1} \colon \mathcal{X} \to \mathcal{X}$, *welcher auf* $\mathcal{X}$ *beschränkt ist, existiert. Insbesondere gibt es zu jeder rechten Seite* $g \in \mathcal{X}$ *genau eine Lösung* $f \in \mathcal{X}$ *der Operatorgleichung* $\mathcal{T}[f] = g$.

Da der Beweis dieses Satzes auf dem Leray-Schauderschen Abbildungsgrad basiert, wollen wir an dieser Stelle auf seine Ausführung verzichten und verweisen für eine genauere Studie auf die angegebene Quelle.

Bemerkung 2.8. Der Satz 2.5 stellt einen Spezialfall der Fredholmschen Alternative dar. Allerdings kommt dieser ohne die Betrachtung eines dualen Raumes aus.

Abschließend wollen wir noch die Neumann-Reihe angeben, die wir beispielsweise in [Al12, Kap. 3, Abschnitt 3.7] finden. Diese ermöglicht es uns später unter einer speziellen Voraussetzung die Lösung einer Integralgleichung in eine Reihe zu entwickeln.

Satz 2.6 (Neumann-Reihe). *Seien $\mathcal{X}$ ein Banachraum und $\Upsilon\colon \mathcal{X} \to \mathcal{X}$ ein linearer Operator mit der Norm $\|\Upsilon\| < 1$. Dann ist der Operator $\mathrm{Id}_{\mathcal{X}} - \Upsilon$ bijektiv und seine lineare Inverse durch*

$$(\mathrm{Id}_{\mathcal{X}} - \Upsilon)^{-1} = \sum_{k=0}^{\infty} \Upsilon^k$$

gegeben.

2.3 Relevante Ergebnisse der Funktionentheorie

Wir gehen nun noch kurz auf einige Begriffe und Sätze der Funktionentheorie ein. Für eine genauere Darstellung von Zusammenhängen lohnt sich ein Blick in [BS76].

2.3.1 Komplexe Differenzierbarkeit und holomorphe Funktionen

Zunächst wollen wir das zentralen Konzept der Holomorphie kennenlernen. Wir beginnen dazu mit der folgenden Definition aus [BS76, Kap. I, § 8].

Definition 2.7 (Komplexe Differenzierbarkeit). Sei $\Omega \subset \mathbb{C}$ eine offene Menge. Die Funktion $f\colon \Omega \to \mathbb{C}$ heißt dann im Punkt $z_0 \in \Omega$ komplex differenzierbar, wenn der Grenzwert

$$\lim_{\substack{z \to z_0 \\ z \neq z_0}} \frac{f(z) - f(z_0)}{z - z_0}$$

existiert. In diesem Fall bezeichnen wir ihn als komplexe Ableitung $f'(z_0)$ von f an der Stelle z_0.

Wie in [Sa04, Kap. IV, § 2] definieren wir die beiden folgenden Differentialoperatoren.

Definition 2.8 (Wirtinger-Operatoren). Wir erklären die Wirtinger-Operatoren durch

$$\frac{\partial}{\partial z} = \frac{1}{2}\left(\frac{\partial}{\partial x} - \mathrm{i}\frac{\partial}{\partial y}\right) \quad \text{und} \quad \frac{\partial}{\partial \bar{z}} = \frac{1}{2}\left(\frac{\partial}{\partial x} + \mathrm{i}\frac{\partial}{\partial y}\right).$$

Bemerkung 2.9. Wir schreiben verkürzend

$$f_z = \frac{\partial}{\partial z}f \quad \text{sowie} \quad f_{\bar{z}} = \frac{\partial}{\partial \bar{z}}f.$$

Beachten wir, dass eine komplexe Funktion $f(z)$ auch mittels zweier reeller Funktionen $u(x,y)$ und $v(x,y)$ durch

$$f(z) = u(x,y) + \mathrm{i}v(x,y)$$

mit $z = x + \mathrm{i}y$ dargestellt werden kann, entnehmen wir [BS76, Kap. I, § 8, Satz 42] die folgende Aussage.

Satz 2.7. *Es seien $\Omega \subset \mathbb{C}$ offen und die Funktion $f\colon \Omega \to \mathbb{C}$ mit $f = u + \mathrm{i}v$ im Punkt $z_0 = x_0 + \mathrm{i}y_0 \in \Omega$ komplex differenzierbar. Dann existieren in (x_0, y_0) die partiellen Ableitungen $u_x(x_0, y_0)$, $u_y(x_0, y_0)$, $v_x(x_0, y_0)$ sowie $v_y(x_0, y_0)$ und es gilt*

$$
\begin{aligned}
u_x(x_0, y_0) - v_y(x_0, y_0) &= 0 \\
u_y(x_0, y_0) + v_x(x_0, y_0) &= 0
\end{aligned}
\tag{2.7}
$$

beziehungsweise kurz gefasst

$$
f_{\bar{z}}(z_0) = \frac{1}{2}\left(f_x(z_0) + \mathrm{i}f_y(z_0)\right) = 0 \,.
$$

Bemerkung 2.10. Die Gleichungen (2.7) bezeichnen wir auch als Cauchy-Riemannsches Differentialgleichungssystem.

Wir gehen damit entsprechend [BS76, Kap. II, § 1] zum fundamentalen Begriff der Funktionentheorie über.

Definition 2.9. Seien $\Omega \subset \mathbb{C}$ offen und die Funktion $f\colon \Omega \to \mathbb{C}$ vorgelegt. Wir nennen f holomorph in Ω, falls die komplexe Ableitung $f'(z)$ in jedem Punkt $z \in \Omega$ existiert.

Nach [Sa04, Kap. IV, § 1 und § 2] halten wir noch das folgende Ergebnis fest.

Satz 2.8. *Es sei die Menge $\Omega \subset \mathbb{C}$ offen. Die Funktion $f \in C^1(\Omega, \mathbb{C})$ ist genau dann holomorph in Ω, wenn*

$$
\frac{\partial}{\partial \bar{z}} f(z) = 0
$$

für alle $z \in \Omega$ gilt.

2.3.2 Cauchysche Sätze

Wir tragen nun einige Sätze zusammen, die auf Cauchy zurückgehen. Zunächst entnehmen wir [BS76, Kap. II, § 2, Satz 5b] die folgende bekannte Aussage.

Satz 2.9 (Cauchyscher Integralsatz). *Sei f im Gebiet $G \subset \mathbb{C}$ holomorph und auf $\overline{G}$ stetig. Dann gilt mit dem Rand $\Gamma = \partial G$*

$$
\int_{\Gamma} f(z)\,\mathrm{d}z = 0 \,.
$$

Aus diesem Satz lässt sich nach [BS76, Kap. II, § 2, Satz 6] das nachstehende Ergebnis herleiten.

Satz 2.10. *Sei $G \subset \mathbb{C}$ ein Gebiet, welches durch die zwei geschlossenen Kurven Γ_1 und Γ_2 mit $\Gamma_1 \cap \Gamma_2 = \varnothing$ berandet wird. Zudem sei $f\colon \overline{G} \to \mathbb{C}$ stetig und in G holomorph. Dann gilt*

$$
\int_{\Gamma_1} f(z)\,\mathrm{d}z = \int_{\Gamma_2} f(z)\,\mathrm{d}z \,,
$$

wobei die Ränder Γ_1 und Γ_2 mathematisch positiv durchlaufen werden.

Weiter finden wir in [BS76, Kap. II, § 3, Satz 10a] die zentrale Cauchysche Integralformel.

Satz 2.11 (Cauchysche Integralformel). *Sei f holomorph im Gebiet $G \subset \mathbb{C}$ und auf $\overline{G}$ stetig. Dann gilt mit dem Rand $\Gamma = \partial G$*

$$f(z) = \frac{1}{2\pi i} \int_{\Gamma} \frac{f(\zeta)}{\zeta - z} \, d\zeta$$

für alle $z \in G$.

Mit dieser Erkenntnis kann wie im Beweis von [Sa04, Kap. IV, § 2, Satz 1] gezeigt werden, dass eine holomorphe Funktion in einer Kreisscheibe in eine gleichmäßig konvergente Potenzreihe entwickelt werden kann. Wir geben hier einen Spezialfall an.

Satz 2.12. *Sei f in der offenen Kreisscheibe*

$$K_{\varrho}(z_0) = \{ z \in \mathbb{C} : |z - z_0| < \varrho \}$$

holomorph und stetig auf deren Abschluss. Dann gilt

$$f(z) = \sum_{k=0}^{\infty} c_k (z - z_0)^k$$

für alle $z \in K_{\varrho}(z_0)$ mit komplexen Koeffizienten $c_k \in \mathbb{C}$.

2.3.3 Schwarzsche Identitäten

Wir gehen jetzt auf einige Erkenntnisse ein, die den Namen von Hermann Amandus Schwarz tragen.

Zunächst entnehmen wir [Re91, Chap. 7, § 2, 5.] ein Ergebnis, welches wir auch unter schwächeren Voraussetzungen zeigen können.

Lemma 2.4 (Kleine Schwarzsche Integralformel). *Sei f holomorph in der offenen Kreisscheibe $K_{\varrho}(0) = \{ z \in \mathbb{C} : |z| < \varrho \}$ und stetig auf deren Abschluss. Dann gilt mit $\Gamma = \partial K_{\varrho}(0)$*

$$\overline{f(0)} = \frac{1}{2\pi i} \int_{\Gamma} \frac{\overline{f(\zeta)}}{\zeta - z} \, d\zeta$$

für alle $z \in K_{\varrho}(0)$.

Beweis. Für jedes $z \in K_{\varrho}(0)$ ist die Funktion

$$h(\zeta) = \frac{\overline{z} f(\zeta)}{\varrho^2 - \overline{z}\zeta}$$

holomorph in $K_{\varrho}(0)$ und stetig bis zum Rand.
Mit dem Cauchyschen Integralsatz gilt daher

$$\int_{\Gamma} h(\zeta) \, d\zeta = 0 \ . \tag{2.8}$$

Für $\zeta \in \Gamma$ berechnen wir dann unter Beachtung von $\zeta\bar\zeta = |\zeta|^2 = \varrho^2$

$$\frac{f(\zeta)}{\zeta} + h(\zeta) = \frac{f(\zeta)(\bar\zeta - \bar z)}{\zeta(\bar\zeta - \bar z)} + \frac{\bar z f(\zeta)}{\varrho^2 - \bar z\zeta} = \frac{f(\zeta)}{\zeta}\,\frac{\bar\zeta}{\bar\zeta - \bar z}\,.$$

Aus der Cauchyschen Integralformel folgt damit unter Verwendung von (2.8)

$$2\pi\mathrm{i} f(0) = \int_\Gamma \frac{f(\zeta)}{\zeta}\,\mathrm{d}\zeta = \int_\Gamma \left(\frac{f(\zeta)}{\zeta} + h(\zeta)\right)\mathrm{d}\zeta = \int_\Gamma \frac{f(\zeta)}{\zeta}\,\frac{\bar\zeta}{\bar\zeta - \bar z}\,\mathrm{d}\zeta$$

für $z \in K_\varrho(0)$.
Wir konjugieren diese Gleichung und berechnen für das Randintegral über Γ mithilfe der Parametrisierung $\zeta(\varphi) = \varrho\,\mathrm{e}^{\mathrm{i}\varphi}$, $\varphi \in [0, 2\pi)$, unter Beachtung von $\mathrm{d}\zeta = \mathrm{i}\,\varrho\,\mathrm{e}^{\mathrm{i}\varphi}\,\mathrm{d}\varphi$

$$-2\pi\mathrm{i}\,\overline{f(0)} = \overline{\int_\Gamma \frac{f(\zeta)}{\zeta}\,\frac{\bar\zeta}{\bar\zeta - \bar z}\,\mathrm{d}\zeta} = \int_0^{2\pi} \overline{\frac{f(\varrho\,\mathrm{e}^{\mathrm{i}\varphi})}{\varrho\,\mathrm{e}^{\mathrm{i}\varphi}}\,\frac{\overline{\varrho\,\mathrm{e}^{\mathrm{i}\varphi}}}{\overline{\varrho\,\mathrm{e}^{\mathrm{i}\varphi}} - \bar z}\,\mathrm{i}\,\varrho\,\mathrm{e}^{\mathrm{i}\varphi}}\,\mathrm{d}\varphi$$

$$= -\int_0^{2\pi} \frac{\overline{f(\varrho\,\mathrm{e}^{\mathrm{i}\varphi})}}{\overline{\varrho\,\mathrm{e}^{\mathrm{i}\varphi}}}\,\frac{\varrho\,\mathrm{e}^{\mathrm{i}\varphi}}{\varrho\,\mathrm{e}^{\mathrm{i}\varphi} - z}\,\mathrm{i}\,\overline{\varrho\,\mathrm{e}^{\mathrm{i}\varphi}}\,\mathrm{d}\varphi = -\int_0^{2\pi} \frac{\overline{f(\varrho\,\mathrm{e}^{\mathrm{i}\varphi})}}{\varrho\,\mathrm{e}^{\mathrm{i}\varphi} - z}\,\mathrm{i}\,\varrho\,\mathrm{e}^{\mathrm{i}\varphi}\,\mathrm{d}\varphi$$

$$= -\int_\Gamma \frac{\overline{f(\zeta)}}{\zeta - z}\,\mathrm{d}\zeta$$

für $z \in K_\varrho(0)$.
Daraus folgt unmittelbar die Aussage. $\square$

Wichtig ist auch das folgende Ergebnis, das wir ebenfalls unter schwächeren Voraussetzungen als in [Re91, Chap. 7, § 2, 5.] zur Verfügung stellen wollen.

Satz 2.13 (Schwarzsche Integraldarstellung). *Sei f holomorph in der offenen Kreisscheibe $K_\varrho(0) = \{z \in \mathbb{C} : |z| < \varrho\}$ und stetig auf deren Abschluss. Dann gilt mit $\Gamma = \partial K_\varrho(0)$ die Darstellung*

$$f(z) = \frac{1}{2\pi\mathrm{i}} \int_\Gamma \frac{\zeta + z}{\zeta - z}\,\mathrm{Re}\{f(\zeta)\}\,\frac{\mathrm{d}\zeta}{\zeta} + \mathrm{i}\,\mathrm{Im}\{f(0)\}$$

für alle $z \in K_\varrho(0)$.

Beweis. Mittels einer Partialbruchzerlegung ergibt sich

$$\frac{\zeta + z}{\zeta - z}\,\frac{1}{\zeta} = \frac{2}{\zeta - z} - \frac{1}{\zeta}$$

für jedes $z \in K_\varrho(0)$ und alle $\zeta \in \Gamma$. Zusammen mit

$$\mathrm{Re}\{f(\zeta)\} = \frac{1}{2}(f(\zeta) + \overline{f(\zeta)})$$

berechnen wir dann

$$\frac{1}{2\pi i} \int_\Gamma \frac{\zeta+z}{\zeta-z} \operatorname{Re}\{f(\zeta)\} \frac{d\zeta}{\zeta} = \frac{1}{2\pi i} \int_\Gamma \frac{2\operatorname{Re}\{f(\zeta)\}}{\zeta-z} d\zeta - \frac{1}{2\pi i} \int_\Gamma \frac{\operatorname{Re}\{f(\zeta)\}}{\zeta} d\zeta$$

$$= \frac{1}{2\pi i} \int_\Gamma \frac{f(\zeta)+\overline{f(\zeta)}}{\zeta-z} d\zeta - \frac{1}{4\pi i} \int_\Gamma \frac{f(\zeta)+\overline{f(\zeta)}}{\zeta} d\zeta$$

$$= \frac{1}{2\pi i} \int_\Gamma \frac{f(\zeta)}{\zeta-z} d\zeta + \frac{1}{2\pi i} \int_\Gamma \frac{\overline{f(\zeta)}}{\zeta-z} d\zeta$$

$$- \frac{1}{2}\frac{1}{2\pi i} \int_\Gamma \frac{f(\zeta)}{\zeta} d\zeta - \frac{1}{2}\frac{1}{2\pi i} \int_\Gamma \frac{\overline{f(\zeta)}}{\zeta} d\zeta$$

für $z \in K_\varrho(0)$.
Auf die Kurvenintegrale mit $\overline{f}$ können wir nun die kleine Schwarzsche Integralformel und auf die anderen Integrale die Cauchysche Integralformel anwenden. Wir erhalten dann

$$\frac{1}{2\pi i} \int_\Gamma \frac{\zeta+z}{\zeta-z} \operatorname{Re}\{f(\zeta)\} \frac{d\zeta}{\zeta} = f(z) + \overline{f(0)} - \frac{1}{2}f(0) - \frac{1}{2}\overline{f(0)}$$

$$= f(z) - \frac{1}{2}\Big(f(0) - \overline{f(0)}\Big)$$

$$= f(z) - i\operatorname{Im}\{f(0)\}$$

beziehungsweise

$$f(z) = \frac{1}{2\pi i} \int_\Gamma \frac{\zeta+z}{\zeta-z} \operatorname{Re}\{f(\zeta)\} \frac{d\zeta}{\zeta} + i\operatorname{Im}\{f(0)\}$$

für jedes $z \in K_\varrho(0)$.
Diese Formel entspricht der gesuchten Darstellung. □

Bemerkung 2.11. Wir erkennen anhand von Satz 2.13, dass eine in der offenen Kreisscheibe $K_\varrho(0)$ holomorphe und auf $\overline{K_\varrho(0)}$ stetige Funktion f bereits durch den Realteil ihrer Randwerte und ihren Imaginärteil im Ursprung eindeutig festgelegt wird.

Wir geben noch einen weiteren Satz an, der in [Sa05, Kap. IX, § 2] gefunden werden kann. Dieser kehrt die Aussage des Satzes 2.13 in gewisser Weise um.

Satz 2.14 (Schwarzsche Integralformel). *Es sei die Hölder-stetige reellwertige Funktion χ auf dem Einheitskreis $\Gamma = \{z \in \mathbb{C} : |z| = 1\}$ gegeben und das Schwarzsche Integral durch*

$$S(z) = \frac{1}{2\pi i} \int_\Gamma \frac{\zeta+z}{\zeta-z} \chi(\zeta) \frac{d\zeta}{\zeta}$$

für $|z| < 1$ definiert. Dann ist S holomorph in $G = \{z \in \mathbb{C} : |z| < 1\}$ und stetig auf $\overline{G}$ fortsetzbar. Zudem hat $\operatorname{Re} S$ das Randverhalten

$$\lim_{\substack{z\to z_0 \\ z\in G}} \operatorname{Re} S(z) = \chi(z_0)$$

für alle $z_0 \in \Gamma$.

Bemerkung 2.12. Parametrisieren wir Γ durch $\zeta(\varphi) = e^{i\varphi}$ mit $\varphi \in [0, 2\pi)$, erhalten wir wegen $\zeta'(\varphi) = i\,e^{i\varphi}$ das Schwarzsche Integral in der Form

$$S(z) = \frac{1}{2\pi i} \int_0^{2\pi} \frac{e^{i\varphi} + z}{e^{i\varphi} - z} \chi(e^{i\varphi}) \, \frac{i e^{i\varphi} d\varphi}{e^{i\varphi}} = \frac{1}{2\pi} \int_0^{2\pi} \frac{e^{i\varphi} + z}{e^{i\varphi} - z} \chi(e^{i\varphi}) \, d\varphi$$

für $|z| < 1$.

2.3.4 Weitere Sätze aus der Funktionentheorie

Zum Abschluss geben wir noch ein paar weitere Ergebnisse aus der Funktionentheorie an. Zunächst beachten wir die komplexe Variante des bekannten Gaußschen Satzes, die wir [Sa04, Kap. IV, § 4, Bemerkungen zu Satz 1] entnehmen.

Satz 2.15 (Gaußscher Integralsatz in $\mathbb{C}$). *Sei $G \subset \mathbb{C}$ ein Gebiet. Falls für die Funktion $f \in C^1(G, \mathbb{C}) \cap C(\overline{G}, \mathbb{C})$ die Bedingung*

$$\iint_G \left| f_{\overline{\zeta}}(\zeta) \right| \, d\xi \, d\eta < \infty$$

erfüllt ist, dann gilt

$$\iint_G \frac{\partial}{\partial \overline{\zeta}} f(\zeta) \, d\xi \, d\eta = \frac{1}{2i} \int_{\partial G} f(\zeta) \, d\zeta .$$

Bemerkung 2.13. Der Gaußsche Integralsatz im Komplexen stellt einen Spezialfall des allgemeinen Residuensatzes dar.

Zusätzlich notieren wir eine weitere Folgerung des allgemeinen Residuensatzes aus [Sa04, Kap. IV, § 4, Satz 2].

Satz 2.16 (Allgemeine Integraldarstellung). *Seien $G \subset \mathbb{C}$ ein Gebiet und in G die $N \in \mathbb{N} \cup \{0\}$ singulären Punkte (für $N = 0$ keine singulären Punkte) $\zeta_j \in G$, $j = 1, \ldots, N$, gegeben. Für eine Funktion $f \in C^1(G_0, \mathbb{C}) \cap C(\overline{G}_0, \mathbb{C})$, die auf den Mengen*

$$G_0 = G \setminus \{\zeta_1, \ldots, \zeta_N\} \qquad \text{beziehungsweise} \qquad \overline{G}_0 = \overline{G} \setminus \{\zeta_1, \ldots, \zeta_N\}$$

erklärt ist, seien zudem die Bedingungen

$$\sup_{z \in G_0} |f(z)| < \infty \tag{2.9}$$

sowie

$$\iint_{G_0} \left| f_{\overline{\zeta}}(\zeta) \right| \, d\xi \, d\eta < \infty \tag{2.10}$$

erfüllt.
Dann gilt die Integraldarstellung

$$f(z) = \frac{1}{2\pi i} \int_{\partial G} \frac{f(\zeta)}{\zeta - z} \, d\zeta - \frac{1}{\pi} \iint_{G_0 \setminus \{z\}} \frac{f_{\overline{\zeta}}(\zeta)}{\zeta - z} \, d\xi \, d\eta$$

für $z \in G_0$.

Ohne den Beweis anzugeben kann mit der allgemeinen Integraldarstellung wie im Beweis von [Sa04, Kap. IV, § 4, Satz 3] der nachstehende Satz hergeleitet werden.

Satz 2.17 (Riemannscher Hebbarkeitssatz). *Zu einem Punkt $z_0 \in \mathbb{C}$ und dem Radius $\varrho > 0$ sei die Funktion $f \colon \overset{\circ}{K}_\varrho(z_0) \to \mathbb{C}$ in der punktierten Kreisscheibe*

$$\overset{\circ}{K}_\varrho(z_0) = \{z \in \mathbb{C} : 0 < |z - z_0| \leq \varrho\}$$

holomorph sowie beschränkt, das heißt es gilt

$$\sup_{z \in \overset{\circ}{K}_\varrho(z_0)} |f(z)| < \infty.$$

Dann ist f holomorph auf die Kreisscheibe

$$\overline{K_\varrho(z_0)} = \{z \in \mathbb{C} : |z - z_0| \leq \varrho\}$$

fortsetzbar.

3 Das Poincarésche Randwertproblem

In diesem Kapitel werden wir eine Klasse von reellen Randwertproblemen für elliptische Differentialgleichungen zweiter Ordnung einführen, bei welcher die ersten Ableitungen einer gesuchten reellwertigen Funktion in den Randbedingungen auftreten.
Wir wollen die gegebene Differentialgleichung zweiter Ordnung danach in ein Differentialgleichungssystem erster Ordnung überführen, bevor wir eben dieses als eine
komplexe Differentialgleichung erster Ordnung auffassen. Somit gelangen wir zu einem
komplexen Randwertproblem.
Daran anschließend diskutieren wir die Beziehung zwischen der Lösung des reellen
Randwertproblems und der des komplexen Randwertproblems. Es wird sich zeigen,
dass im Falle eines einfach zusammenhängenden Gebietes die Lösbarkeit des einen
Randwertproblems stets die Lösbarkeit des anderen impliziert.
Insgesamt folgen wir dabei der Grundidee von [Ve63, Kap. IV, § 8], übertragen diese
auf klassische Lösungen und stellen sie ausführlich dar.

3.1 Die Formulierung des Poincaréschen Randwertproblems

Wir beginnen nun mit der Betrachtung des reellen Randwertproblems. Vorbereitend
dazu wollen wir eine gewisse Regularität der vorgelegten Daten, das heißt des Gebietes sowie der in der Differentialgleichung und der Randbedingung vorkommenden
Funktionen, fordern.

Voraussetzungen 1.

a) G ist ein Gebiet im Sinne der im Kapitel 2 gemachten Ausführungen mit dem
Rand $\Gamma = \partial G$.

b) Die Funktionen $a, b, r \in C(\overline{G}, \mathbb{R})$ sind in G Hölder-stetig.

c) Die Randfunktionen $\alpha, \beta, \gamma \in C(\Gamma, \mathbb{R})$ sind auf dem Rand Γ Hölder-stetig und
es gilt

$$(\alpha(x,y))^2 + (\beta(x,y))^2 > 0 \qquad (3.1)$$

für alle $(x, y) \in \Gamma$.

Bemerkung 3.1. Besonders die vorausgesetzte Hölder-Stetigkeit wird sich im Verlauf
dieser Arbeit als wertvoll erweisen.

Mit diesen Voraussetzungen kommen wir nun zur Formulierung des reellwertigen
Randwertproblems. Da laut Vekua [Ve63, Kap. IV, § 8] ein derartiges Problem erstmals
von Henri Poincaré im Zusammenhang mit Fragen der Himmelsmechanik betrachtet
worden sein soll, wollen wir den Namen dieses Randwertproblems entsprechend wählen.

Poincarésches Randwertproblem. Finde unter den Voraussetzungen 1 eine Funktion $\Phi = \Phi(x, y)$ der Klasse $C^1(\overline{G}, \mathbb{R}) \cap C^2(G, \mathbb{R})$, welche die Differentialgleichung

$$\Delta\Phi(x, y) + a(x, y)\,\Phi_x(x, y) + b(x, y)\,\Phi_y(x, y) = r(x, y) \tag{3.2}$$

für $(x, y) \in G$ löst und der Randbedingung

$$\alpha(x, y)\,\Phi_x(x, y) - \beta(x, y)\,\Phi_y(x, y) = \gamma(x, y) \tag{3.3}$$

für jedes $(x, y) \in \Gamma$ genügt.

Die Funktionen a und b sowie α und β nennen wir Koeffizienten der Differentialgleichung (3.2) beziehungsweise der Randbedingung (3.3). Des Weiteren bezeichnen wir die Funktionen r und γ als rechte Seite des Poincaréschen Randwertproblems.

Bemerkung 3.2. Wir verzichten teilweise auf die explizite Darstellung der Abhängigkeit von (x, y) in der Differentialgleichung (3.2) und der Randbedingung (3.3). Kurz gefasst suchen wir dementsprechend eine Funktion $\Phi \in C^1(\overline{G}) \cap C^2(G)$ mit

$$\Delta\Phi + a\,\Phi_x + b\,\Phi_y = r \qquad \text{(in } G)$$
$$\alpha\,\Phi_x - \beta\,\Phi_y = \gamma \qquad \text{(auf } \Gamma)\,.$$

3.1.1 Spezialfälle der Differentialgleichung

An dieser Stelle möchten wir noch kurz auf zwei besondere Formen der Differentialgleichung (3.2) eingehen.

Verschwinden die Koeffizienten a und b der Differentialgleichung (3.2), ergibt sich mit

$$\Delta\Phi = r$$

die bekannte Poissonsche Differentialgleichung.
Wir gelangen zur Laplaceschen Differentialgleichung

$$\Delta\Phi = 0\,,$$

falls zusätzlich $r \equiv 0$ in G gilt.

Somit sind diese häufig betrachteten elliptischen Differentialgleichungen zweiter Ordnung in den Untersuchungen der Lösbarkeit des Poincaréschen Randwertproblems enthalten.

3.1.2 Dirichlet- und Neumann-Randbedingung

Nun wollen wir die allgemeine Randbedingung

$$\alpha\,\Phi_x - \beta\,\Phi_y = \gamma$$

des Poincaréschen Randwertproblems noch etwas genauer beleuchten.
Unser Ziel soll es dabei sein, sowohl die Dirichlet- als auch die Neumann-Randbedingung als Spezialfälle dieser zu erkennen.

Zunächst können wir ohne Einschränkung annehmen, dass für die Koeffizienten der Randbedingung

$$(\alpha(x,y))^2 + (\beta(x,y))^2 = 1 \qquad (3.4)$$

in jedem Randpunkt $(x,y) \in \Gamma$ gilt.

Wäre dies nicht der Fall, könnten wir aufgrund der Bedingung (3.1) aus den Voraussetzungen 1 zur äquivalenten Randbedingung

$$\frac{\alpha}{\sqrt{\alpha^2 + \beta^2}} \Phi_x - \frac{\beta}{\sqrt{\alpha^2 + \beta^2}} \Phi_y = \frac{\gamma}{\sqrt{\alpha^2 + \beta^2}}$$

übergehen. Wir bemerken dabei, dass die Randfunktionen

$$\alpha_0 = \frac{\alpha}{\sqrt{\alpha^2 + \beta^2}} \, , \qquad \beta_0 = \frac{\beta}{\sqrt{\alpha^2 + \beta^2}} \, , \qquad \gamma_0 = \frac{\gamma}{\sqrt{\alpha^2 + \beta^2}}$$

dieser Randbedingung ebenfalls den Voraussetzungen des Poincaréschen Randwertproblems genügen. Dies wollen wir kurz begründen.

Da der Rand Γ in $\mathbb{R}^2$ eine kompakte Menge ist, finden wir nach dem Fundamentalsatz von Weierstraß über Maxima und Minima zwei Konstanten $\epsilon_1 > 0$ und $\epsilon_2 > 0$, sodass

$$\epsilon_1 \leq (\alpha(x,y))^2 + (\beta(x,y))^2 \leq \epsilon_2$$

für alle $(x,y) \in \Gamma$ richtig ist. Mit dem Lemma 2.3 erkennen wir außerdem, dass die im Intervall $(0, \infty)$ stetig differenzierbare Wurzelfunktion im Intervall $[\epsilon_1, \epsilon_2]$ Hölderstetig ist. Aus den Lemmata 2.1 und 2.2 folgt somit die gewünschte Hölder-Stetigkeit der Randfunktionen α_0, β_0 und γ_0.

Mit $l(x,y) = (\alpha(x,y), -\beta(x,y))$ können wir nun in jedem Punkt $(x,y) \in \Gamma$ eine eindeutige Richtung l festlegen. Aufgrund von (3.4) gilt $|l| \equiv 1$ auf Γ und die Definition der Richtungsableitung liefert uns

$$\frac{\partial \Phi}{\partial l} = l \cdot \nabla \Phi = \alpha \, \Phi_x - \beta \, \Phi_y \, .$$

Die Randbedingung (3.3) können wir daher auch in der Form

$$\frac{\partial \Phi}{\partial l} = l \cdot \nabla \Phi = \alpha \, \Phi_x - \beta \, \Phi_y = \gamma$$

schreiben, wenn die Bedingung (3.4) erfüllt ist.

Stimmt nun die Richtung l in jedem Randpunkt mit der äußeren Normalen ν an Γ überein, so ergibt sich die Randbedingung in der Form

$$\frac{\partial \Phi}{\partial \nu} = \gamma \, .$$

Darin erkennen wir die Neumann-Randbedingung.

Im Gegensatz dazu wollen wir auch die Dirichlet-Randbedingung als Spezialfall der Randbedingung (3.3) herleiten. Dafür erinnern wir uns daran, dass das Gebiet G durch die einfach geschlossenen Kurven $\Gamma_0, \Gamma_1, \ldots, \Gamma_m$ berandet sein soll, wobei die Kurven

$\Gamma_1, \ldots, \Gamma_m$ im Inneren von Γ_0 liegen. Falls das Gebiet G einfach zusammenhängend ist, gilt $\Gamma = \Gamma_0$.

Wir betrachten dann eine Parametrisierung eines Randes Γ_j für $j \in \{0, \ldots, m\}$ gemäß

$$\zeta(t) = (\xi(t), \eta(t)) \colon [\tau_0, \tau_1] \to \Gamma_j \,.$$

Die Kurve Γ_j soll dabei mathematisch positiv durchlaufen werden, das heißt derart, dass das Gebiet G links des Randes liegt.

Zudem möge $|\zeta'(t)| = 1$ für alle $t \in [\tau_0, \tau_1]$ gelten. Dann stellt $\zeta'(t)$ in jedem Randpunkt $(\xi(t), \eta(t)) \in \Gamma_j$ die Tangente an Γ_j dar.

Ist die Richtung $l = (\alpha, -\beta)$ nun mit der Tangente $\zeta' = (\xi', \eta')$ auf dem Rand Γ_j identisch, berechnen wir mit der Kettenregel

$$\begin{aligned}
\frac{\mathrm{d}}{\mathrm{d}t}\,\Phi(\xi(t), \eta(t)) &= \Phi_\xi(\xi(t), \eta(t))\,\xi'(t) + \Phi_\eta(\xi(t), \eta(t))\,\eta'(t) \\
&= \alpha(\xi(t), \eta(t))\,\Phi_\xi(\xi(t), \dot\eta(t)) - \beta(\xi(t), \eta(t))\,\Phi_\eta(\xi(t), \eta(t)) \\
&= \gamma(\xi(t), \eta(t)) \,.
\end{aligned}$$

Setzen wir jetzt $(\xi(\tau_0), \eta(\tau_0)) = (x_0, y_0)$ und $(\xi(\tau), \eta(\tau)) = (x, y)$ für ein $\tau \in [\tau_0, \tau_1]$, liefert der Fundamentalsatz der Differential- und Integralrechnung

$$\Phi(x, y) - \Phi(x_0, y_0) = \int_{\tau_0}^{\tau} \frac{\mathrm{d}}{\mathrm{d}t}\,\Phi(\xi(t), \eta(t))\,\mathrm{d}t = \int_{\tau_0}^{\tau} \gamma(\xi(t), \eta(t))\,\mathrm{d}t$$

beziehungsweise

$$\Phi(x, y) = \Phi(x_0, y_0) + \int_{\tau_0}^{\tau} \gamma(\xi(t), \eta(t))\,\mathrm{d}t \,.$$

Mit der Funktion

$$\widetilde{\gamma}(x, y) = \Phi(x_0, y_0) + \int_{\tau_0}^{\tau} \gamma(\xi(t), \eta(t))\,\mathrm{d}t$$

erhalten wir somit für einen jeden Randpunkt $(\xi(\tau), \eta(\tau)) = (x, y) \in \Gamma_j$ die Dirichlet-Randbedingung in wohlbekannter Form.

Zu beachten bleibt noch, dass wir den Funktionswert der Funktion Φ in einem beliebigen Randpunkt $(x_0, y_0) \in \Gamma_j$ frei wählen können.

Außerdem müssen wir aus Gründen der Eindeutigkeit

$$\int_{\tau_0}^{\tau_1} \gamma(\xi(t), \eta(t))\,\mathrm{d}t = 0$$

fordern, da insbesondere auch $\Phi(\xi(\tau_0), \eta(\tau_0)) = \Phi(x_0, y_0) = \Phi(\xi(\tau_1), \eta(\tau_1))$ wegen $(\xi(\tau_0), \eta(\tau_0)) = (\xi(\tau_1), \eta(\tau_1))$ gewährleistet sein soll.

3.2 Der Weg vom reellen zum komplexen Randwertproblem

Wir werden nun das Poincarésche Randwertproblem in ein komplexes Randwertproblem überführen. Dies macht uns Methoden der Funktionentheorie zugänglich, die uns im Reellen verschlossen bleiben.

3.2.1 Die Transformation des Poincaréschen Randwertproblems

Betrachten wir noch einmal die Differentialgleichung (3.2) sowie die Randbedingung (3.3) des Poincaréschen Randwertproblems, so fällt auf, dass in diesen lediglich die Ableitungen der gesuchten Funktion Φ auftreten. Daher wollen wir

$$u(x,y) = \Phi_x(x,y)$$
$$v(x,y) = -\Phi_y(x,y)$$

setzen und beachten

$$\Delta\Phi = \Phi_{xx} + \Phi_{yy} = (\Phi_x)_x + (\Phi_y)_y = u_x - v_y.$$

Somit erscheint die Differentialgleichung (3.2) unmittelbar in der Form

$$u_x - v_y + a\,u - b\,v = r. \tag{3.5}$$

Zudem ergibt sich die Randbedingung (3.3) mit dieser Setzung als

$$\alpha\,u + \beta\,v = \gamma. \tag{3.6}$$

Da ferner $\Phi \in C^1(\overline{G}) \cap C^2(G)$ für eine Lösung des Poincaréschen Randwertproblems gelten soll, erhalten wir in G zusätzlich

$$u_y = (\Phi_x)_y = (\Phi_y)_x = -v_x$$

beziehungsweise

$$u_y + v_x = 0 \tag{3.7}$$

mithilfe des Vertauschbarkeitslemmas von H. A. Schwarz.

Wir erkennen in (3.7) eine der zwei Differentialgleichungen des Cauchy-Riemannschen Differentialgleichungssystems.

Des Weiteren erhalten wir für den Spezialfall $a = b = r \equiv 0$ in G aus (3.5) auch die zweite Gleichung des Cauchy-Riemannschen Differentialgleichungssystems.

Die Differentialgleichungen (3.5) und (3.7) erscheinen somit als eine Verallgemeinerung dieses aus der Funktionentheorie bekannten Systems von Differentialgleichungen.

Da sich Vekua zudem insbesondere in der Arbeit [Ve56] mit einer weiteren Verallgemeinerung dieses Differentialgleichungssystems erster Ordnung befasste, wollen wir (3.5) und (3.7) als Cauchy-Riemann-Vekuasches Differentialgleichungssystem oder kurz CRV-System bezeichnen.

Gleichzeitig kommen wir mit dem Blick auf [Ve56] auch zur Namensgebung für das folgende Randwertproblem, das aus dem CRV-System und der Randbedingung (3.6) entsteht.

Vekuasches Randwertproblem. Finde unter den Voraussetzungen 1 ein Funktionenpaar (u, v) mit $u, v \in C(\overline{G}, \mathbb{R}) \cap C^1(G, \mathbb{R})$, welches das Differentialgleichungssystem

$$u_x - v_y + a\,u - b\,v = r \tag{3.8}$$

$$u_y + v_x = 0 \tag{3.9}$$

in G löst und der Randbedingung

$$\alpha\,u + \beta\,v = \gamma \tag{3.10}$$

auf dem Rand Γ genügt.

3.2.2 Der Übergang ins Komplexe

Da wir für den Fall $a = b = r \equiv 0$ in G aus dem CRV-System das bekannte Cauchy-Riemannsche Differentialgleichungssystem erhalten, liegt es nahe, auch im allgemeinen Fall des Vekuaschen Randwertproblems die Verbindung zum Komplexen zu suchen. Daher wollen wir

$$f(z) = u(x, y) + iv(x, y)$$

mit $z = x + iy$ setzen.
Wir berechnen damit

$$f_{\bar{z}} = \frac{\partial}{\partial \bar{z}} f = \frac{1}{2} \left(\frac{\partial}{\partial x} + i \frac{\partial}{\partial y} \right) (u + iv) = \frac{1}{2} (u_x - v_y) + i \frac{1}{2} (u_y + v_x) \tag{3.11}$$

sowie

$$(a + ib)f = (a + ib)(u + iv) = a\,u - b\,v + i\,(b\,u + a\,v).$$

Die Differentialgleichung (3.8) des Vekuaschen Randwertproblems ist also genau dann erfüllt, wenn wir eine Funktion $f = u + iv$ derart finden, dass

$$\mathrm{Re}\{f_{\bar{z}}\} + \frac{1}{2}\mathrm{Re}\{(a + ib)f\} = \frac{1}{2} r \tag{3.12}$$

in G gilt.
Wir beachten noch die Differentialgleichung (3.9), das heißt $u_y + v_x = 0$ in G. Aufgrund von (3.11) wird diese genau dann durch ein Funktionenpaar (u, v) erfüllt, wenn wir ein $f = u + iv$ mit

$$\mathrm{Im}\{f_{\bar{z}}\} = 0 \tag{3.13}$$

in G finden.
Entsprechend dieser Beobachtungen können wir das CRV-System genau dann lösen, wenn die Funktion $f = u + iv$ den Differentialgleichungen (3.12) und (3.13) gleichzeitig genügt. Diese verknüpfen wir und fordern stattdessen

$$f_{\bar{z}} + \frac{1}{2}\mathrm{Re}\{(a + ib)f\} = \frac{1}{2} r$$

beziehungsweise

$$f_{\bar{z}} + \frac{1}{4}(a + \mathrm{i}b)f + \frac{1}{4}(a - \mathrm{i}b)\overline{f} = \frac{1}{2}r \tag{3.14}$$

in G.

Somit können wir die zwei reellen Differentialgleichungen des CRV-Systems auch als eine komplexe Differentialgleichung erster Ordnung auffassen.

Bemerkung 3.3. Für $a = b = r \equiv 0$ in G ergibt sich aus (3.14) erwartungsgemäß die charakteristische Eigenschaft $f_{\bar{z}} = 0$ einer in G holomorphen Funktion f.

Wir wollen nun auch die Randbedingung (3.10) des Vekuaschen Randwertproblems in eine komplexe Form bringen. Dazu setzen wir $\lambda = \alpha + \mathrm{i}\beta$ und berechnen

$$\overline{\lambda}\, f = (\alpha - \mathrm{i}\beta)(u + \mathrm{i}v) = \alpha\, u + \beta\, v + \mathrm{i}(\alpha\, v - \beta\, u)\,.$$

Die Randbedingung (3.10) erscheint so in der äquivalenten Form

$$\mathrm{Re}\left\{\overline{\lambda}\, f\right\} = \gamma\,.$$

Damit gelangen wir zu einer komplexen Version des Vekuaschen Randwertproblems.

Komplexes Vekuasches Randwertproblem. Finde unter den Voraussetzungen 1 eine Funktion $f = f(z)$ der Klasse $C(\overline{G}, \mathbb{C}) \cap C^1(G, \mathbb{C})$, welche die Differentialgleichung

$$f_{\bar{z}} + \frac{1}{4}\,(a + \mathrm{i}b)\,f + \frac{1}{4}\,(a - \mathrm{i}b)\,\overline{f} = \frac{1}{2}\,r \tag{3.15}$$

in G erfüllt und mit $\lambda = \alpha + \mathrm{i}\beta$ der Randbedingung

$$\mathrm{Re}\left\{\overline{\lambda}\, f\right\} = \gamma \tag{3.16}$$

auf Γ genügt.

3.2.3 Zusammenhänge zwischen den Lösungen der Randwertprobleme

Entsprechend unserer Konstruktionen aus den beiden vorangegangenen Abschnitten wollen wir jetzt Beziehungen zwischen den Lösungen des Poincaréschen, des Vekuaschen und des komplexen Vekuaschen Randwertproblems herstellen.

Es versteht sich dabei von selbst, dass wir nur Verbindungen zwischen den Randwertproblemen suchen, für welche die Voraussetzungen 1 identisch sind.

Zunächst erinnern wir uns an die Ausführungen aus dem Abschnitt 3.2.1 und gelangen mit diesen zu dem nachstehenden Ergebnis.

Lemma 3.1. *Es sei Φ eine Lösung des Poincaréschen Randwertproblems. Dann ist das durch $(u, v) = (\Phi_x, -\Phi_y)$ erklärte Funktionenpaar eine Lösung des entsprechenden Vekuaschen Randwertproblems.*

Des Weiteren können wir unsere Erkenntnisse aus dem Abschnitt 3.2.2 in dem folgenden Lemma zusammenfassen.

Lemma 3.2. *Sei die Funktion* $f = u + iv$ *gegeben. Das Funktionenpaar* (u, v) *ist genau dann eine Lösung des Vekuaschen Randwertproblems, wenn* f *eine Lösung des zugehörigen komplexen Vekuaschen Randwertproblems ist.*

Aus der Kombination der Lemmata 3.1 und 3.2 können wir nun einen direkten Zusammenhang zwischen dem Poincaréschen und dem komplexen Vekuaschen Randwertproblem angeben.

Satz 3.1. *Es sei* Φ *eine Lösung des Poincaréschen Randwertproblems. Dann ist die Funktion* $f = \Phi_x - i\Phi_y$ *eine Lösung des entsprechenden komplexen Vekuaschen Randwertproblems.*

Da wir jedoch primär an einer Lösung des Poincaréschen Randwertproblems interessiert sind, wäre für uns eine Umkehrung dieses Satzes wünschenswert.

Wir wollen daher nun untersuchen, unter welchen Bedingungen es möglich ist von einer Lösung des komplexen Vekuaschen Randwertproblems zu einer des Poincaréschen Randwertproblems zu gelangen.

In Vorbereitung dessen entnehmen wir [RS02, Abschnitt 6.2.6, Satz 6.2.3.] einen Satz, der komplexe und reelle Kurvenintegrale verbindet.

Satz 3.2 (Kurvenintegral). *Sei* $f = u + iv$ *in* $\overline{G}$ *stetig. Dann gilt für jeden stetig differenzierbaren Weg* $\mathcal{W}$ *in* $\overline{G}$

$$\int_{\mathcal{W}} f(z)\, dz = \int_{\mathcal{W}} [u(x,y)\, dx - v(x,y)\, dy] + i \int_{\mathcal{W}} [v(x,y)\, dx + u(x,y)\, dy].$$

Zunächst wollen wir noch einmal von einer Lösung Φ des Poincaréschen Randwertproblems ausgehen. Eine Lösung des komplexen Vekuaschen Randwertproblems ist dann nach dem Satz 3.1 durch $f = \Phi_x - i\Phi_y$ gegeben.

Wir wählen nun eine Parametrisierung eines in $\overline{G}$ stetig differenzierbaren Weges $\mathcal{W}$ gemäß

$$\zeta(t) = (\xi(t), \eta(t)) : [\tau_0, \tau] \to \overline{G}$$

mit festem Anfangspunkt $\zeta(\tau_0) = (x_0, y_0)$ und dem Endpunkt $\zeta(\tau) = (x, y)$.
Mittels des Fundamentalsatzes der Differential- und Integralrechnung ermitteln wir dann

$$\Phi(x, y) - \Phi(x_0, y_0) = \int_{\tau_0}^{\tau} \frac{d}{dt} \Phi(\xi(t), \eta(t))\, dt.$$

Führen wir die Differentiation auf der rechten Seite innerhalb des Integrals aus und gehen anschließend in eine parameterfreie Darstellung über, ergibt sich

$$\int_{\tau_0}^{\tau} \frac{d}{dt} \Phi(\xi(t), \eta(t))\, dt = \int_{\tau_0}^{\tau} [\Phi_\xi(\xi(t), \eta(t))\, \xi'(t) + \Phi_\eta(\xi(t), \eta(t))\, \eta'(t)]\, dt$$

$$= \int_{\mathcal{W}} [\Phi_\xi(\xi, \eta)\, d\xi + \Phi_\eta(\xi, \eta)\, d\eta].$$

Beachten wir $f = \Phi_x - \mathrm{i}\Phi_y$, so erhalten wir unter Verwendung des Satzes 3.2

$$\int_{\mathcal{W}} [\Phi_\xi(\xi,\eta)\,\mathrm{d}\xi + \Phi_\eta(\xi,\eta)\,\mathrm{d}\eta] = \int_{\mathcal{W}} [\Phi_\xi(\xi,\eta)\,\mathrm{d}\xi - (-\Phi_\eta(\xi,\eta))\,\mathrm{d}\eta] = \mathrm{Re}\int_{\mathcal{W}} f(\zeta)\,\mathrm{d}\zeta \, .$$

Wir sehen damit, dass wir eine Lösung Φ des Poincaréschen Randwertproblems in der Form

$$\Phi(x,y) = c_0 + \mathrm{Re}\int_{\mathcal{W}} f(\zeta)\,\mathrm{d}\zeta \qquad (3.17)$$

für jedes $(x,y) \in \overline{G}$ darstellen können, wobei wir $c_0 = \Phi(x_0,y_0) \in \mathbb{R}$ setzen.

Mit diesen Gedanken drängt sich nun die Frage auf, ob wir mittels der Darstellungsformel (3.17) eine Lösung Φ des Poincaréschen Randwertproblems erhalten, wenn wir ausschließlich f als Lösung des komplexen Vekuaschen Randwertproblems zur Verfügung haben.

Wir wollen nun also davon ausgehen, dass wir eine Lösung des komplexen Vekuaschen Randwertproblems in der Form $f = u + \mathrm{i}v$ gegeben haben.

Mittels Satz 3.2 erhalten wir

$$\mathrm{Re}\int_{\mathcal{W}} f(\zeta)\,\mathrm{d}\zeta = \int_{\mathcal{W}} [u(\xi,\eta)\,\mathrm{d}\xi - v(\xi,\eta)\,\mathrm{d}\eta] \qquad (3.18)$$

für einen beliebigen stetig differenzierbaren Weg $\mathcal{W}$ in G.

Zur Untersuchung des Integrals auf der rechten Seite wollen wir die Pfaffsche Form

$$\omega = u(x,y)\,\mathrm{d}x - v(x,y)\,\mathrm{d}y$$

näher betrachten. Diese ist nach [Sa04, Kap. I, § 6, Bemerkung nach Definition 4] genau dann in G geschlossen, wenn

$$u_y = -v_x$$

gilt. Da f nach Voraussetzung eine Lösung des komplexen Vekuaschen Randwertproblems sein soll, sehen wir mithilfe von Lemma 3.2 ein, dass diese Bedingung in G erfüllt ist. Die Differentialform ω ist demnach geschlossen.

Wir nehmen jetzt eine Unterscheidung hinsichtlich des Zusammenhangs des Gebietes G vor. Zunächst sei G ein einfach zusammenhängendes Gebiet.

Nach [Sa04, Kap. I, § 6, Satz 4] ist eine geschlossene Pfaffsche Form in einem einfach zusammenhängenden Gebiet auch immer exakt, das heißt, es existiert in G ein Potential $\Phi = \Phi(x,y)$ mit

$$\Phi_x = u \quad \text{und} \quad \Phi_y = -v \, .$$

Nutzen wir diese Beziehung im Lemma 3.2, so erscheint die Differentialgleichung (3.8) des Vekuaschen Randwertproblems für u und v in der Form

$$\Phi_{xx} + \Phi_{yy} + a\,\Phi_x + b\,\Phi_y = r \, .$$

Ein Vergleich mit der Differentialgleichung (3.2) des Poincaréschen Randwertproblems zeigt, dass das Potential Φ diese erfüllt.

Verwenden wir nun die Beziehung $\Phi_x = u$ sowie $\Phi_y = -v$ in (3.18), können wir

$$
\begin{aligned}
\operatorname{Re} \int_{\mathcal{W}} f(\zeta)\, d\zeta &= \int_{\mathcal{W}} [u(\xi,\eta)\, d\xi - v(\xi,\eta)\, d\eta] = \int_{\mathcal{W}} [\Phi_\xi(\xi,\eta)\, d\xi + \Phi_\eta(\xi,\eta)\, d\eta] \\
&= \int_{\tau_0}^{\tau} [\Phi_\xi(\xi(t),\eta(t))\, \xi'(t) + \Phi_\eta(\xi(t),\eta(t))\, \eta'(t)]\, dt \\
&= \int_{\tau_0}^{\tau} \frac{d}{dt}\, \Phi(\xi(t),\eta(t))\, dt = \Phi(x,y) - \Phi(x_0,y_0)
\end{aligned}
$$

für einen stetig differenzierbaren Weg $\mathcal{W}$ in G berechnen. Dieser sei dabei parametrisiert durch

$$
\zeta(t) = (\xi(t),\eta(t)) : [\tau_0,\tau] \to G
$$

und habe den festen Anfangspunkt $\zeta(\tau_0) = (x_0,y_0)$ und den Endpunkt $\zeta(\tau) = (x,y)$. Setzen wir auch hier $c_0 = \Phi(x_0,y_0)$, dann erhalten wir die Darstellungsformel (3.17). Es gilt also

$$
\Phi(x,y) = c_0 + \operatorname{Re} \int_{\mathcal{W}} f(\zeta)\, d\zeta \tag{3.19}
$$

mit $c_0 = \Phi(x_0,y_0)$ für jedes $(x,y) \in G$, wobei $\mathcal{W}$ ein stetig differenzierbarer Weg von (x_0,y_0) nach (x,y) in G ist.

Indem wir in (3.19) auch stetig differenzierbare Wege von (x_0,y_0) nach $(x,y) \in \overline{G}$ zulassen, können wir das Potential Φ aufgrund der Stetigkeit von f stetig auf $\overline{G}$ fortsetzen.

Gleichzeitig bemerken wir wegen $u,v \in C(\overline{G}) \cap C^1(G)$, dass wir auch die Ableitungen $\Phi_x = u$ und $\Phi_y = -v$ des Potentials Φ stetig auf $\overline{G}$ fortsetzen können.

Mit dem Lemma 3.2 sehen wir dann wiederum ein, dass Φ_x und Φ_y der Randbedingung

$$
\alpha\, \Phi_x - \beta\, \Phi_y = \gamma
$$

auf dem Rand Γ genügen.

Somit wird das Poincarésche Randwertproblem also durch das gemäß (3.19) erklärte Potential Φ gelöst, wenn $f = u + iv$ eine Lösung des komplexen Vekuaschen Randwertproblems ist.

Wir wollen dieses fundamentale Ergebnis für einfach zusammenhängende Gebiete in dem folgenden Satz festhalten.

Satz 3.3. *Sei G ein einfach zusammenhängendes Gebiet. Zudem seien ein beliebiger stetig differenzierbarer Weg $\mathcal{W}$ in $\overline{G}$ mit festem Anfangspunkt (x_0,y_0) in G und variablem Endpunkt (x,y) in $\overline{G}$ sowie $f = u + iv$ als eine Lösung des komplexen Vekuaschen Randwertproblems vorgelegt.*

Dann löst die Funktion

$$
\Phi(x,y) = c_0 + \operatorname{Re} \int_{\mathcal{W}} f(\zeta)\, d\zeta
$$

mit der Konstanten $c_0 = \Phi(x_0,y_0) \in \mathbb{R}$ das zugehörige Poincarésche Randwertproblem.

Bemerkung 3.4. Es kann gezeigt werden, dass der Satz 3.3 auch für stückweise stetig differenzierbare Wege gültig bleibt.

Hinsichtlich der Lösbarkeit ergibt sich aus dem Satz 3.3 zusammen mit dem Satz 3.1 die folgende Äquivalenzaussage.

Satz 3.4 (Äquivalenzsatz). *Das Gebiet G sei einfach zusammenhängend. Dann ist das Poincarésche Randwertproblem genau dann lösbar, wenn das entsprechende komplexe Vekuasche Randwertproblem lösbar ist.*

Als Konsequenz aus diesem Satz werden wir uns bei der Diskussion der Lösbarkeit vom Poincaréschen Randwertproblem loslösen und unseren Fokus auf das komplexe Vekuasche Randwertproblem richten. Dieses werden wir im Kapitel 5 verallgemeinern und somit als Spezialfall eines allgemeineren Randwertproblems in die Untersuchungen einschließen.

Wir wollen nun noch auf nicht einfach zusammenhängende Gebiete etwas näher eingehen und kehren dafür zur Integralidentität (3.18) einer Lösung $f = u + iv$ des komplexen Vekuaschen Randwertproblems zurück.

Ein nicht einfach zusammenhängendes Gebiet G werde dabei durch einfach geschlossene Kurven $\Gamma_0, \Gamma_1, \ldots, \Gamma_m$ berandet. Insbesondere sollen alle anderen Ränder im Inneren von Γ_0 enthalten sein.

Für den Fall eines solchen Gebietes können wir nicht erwarten, dass die Differentialform $\omega = u(x,y) \, dx - v(x,y) \, dy$ in G ebenfalls exakt ist. Die Differentialform ist zwar aufgrund der Differentialgleichung (3.9) und des Lemmas 3.2 ebenfalls geschlossen, es ist für die Äquivalenz zwischen exakter und geschlossener Differentialform allerdings entscheidend, dass das Gebiet G einfach zusammenhängend ist.

Wir müssen also untersuchen, wann ω in einem nicht einfach zusammenhängenden Gebiet dennoch exakt ist. Da eine Differentialform nach [Sa04, Kap. I, § 6, Satz 1] genau dann exakt ist, wenn das Integral über jede geschlossene Kurve verschwindet, wollen wir diese zusätzliche Forderung aufstellen. Es genügt dabei

$$\mathrm{Re} \int_{\Gamma_j} f(\zeta) \, d\zeta = 0$$

für $j = 0, 1, \ldots, m$ zu fordern, da sich jede geschlossene Kurve homotop auf einen Punkt oder die Ränder Γ_j zurückziehen lässt.

Mit dieser recht starken Zusatzbedingung lässt sich analog wie im Fall eines einfach zusammenhängenden Gebietes auch hier ein Potential Φ finden, welches eine Lösung des Poincaréschen Randwertproblems ist. In diesem Sinne gelangen wir zu einer Verallgemeinerung des Satzes 3.3.

Satz 3.5. *Seien G ein mehrfach zusammenhängendes Gebiet, das durch die einfach geschlossenen Kurven $\Gamma_0, \Gamma_1, \ldots, \Gamma_m$ berandet wird und $f = u + iv$ als eine Lösung des komplexen Vekuaschen Randwertproblems gegeben. Zusätzlich mögen $\Gamma_1, \ldots, \Gamma_m$ im Inneren von Γ_0 enthalten sein und es gelte für $j = 0, 1, \ldots, m$*

$$\mathrm{Re} \int_{\Gamma_j} f(\zeta) \, d\zeta = 0 \,. \tag{3.20}$$

Das entsprechende Poincarésche Randwertproblem wird dann durch

$$\Phi(x,y) = c_0 + \text{Re} \int_{\mathcal{W}} f(\zeta)\,d\zeta$$

mit der Konstanten $c_0 = \Phi(x_0, y_0) \in \mathbb{R}$ gelöst, wobei $\mathcal{W}$ ein beliebiger stetig differenzierbarer Weg in $\overline{G}$ mit festem Anfangspunkt $(x_0, y_0) \in G$ und variablem Endpunkt $(x,y) \in \overline{G}$ ist.

Bemerkung 3.5. Für den Fall $m = 0$ entspricht G einem einfach zusammenhängenden Gebiet und die Bedingung an das Integral über den Rand Γ_0 wird redundant, da sich die Randkurve homotop auf einen Punkt zurückziehen lässt. Das Integral verschwindet in diesem Fall also immer und wir erhalten die Aussage des Satzes 3.3.

Offen bleibt bisher, ob oder wie die recht starke Bedingung (3.20) aus dem Satz 3.5, welche die Eindeutigkeit der Funktion Φ sichert, abgeschwächt werden kann. Im Rahmen dieser Arbeit wird diese Frage leider unbeantwortet bleiben.

Unsere recht umfangreichen Betrachtungen werden sich auch deshalb in den Kapiteln 5 und 6 auf einfach zusammenhängende Gebiete konzentrieren.

4 Komplexe Integraloperatoren und ihre Eigenschaften

Bevor wir die Lösbarkeit des komplexen Randwertproblems erster Ordnung aus dem vorigen Abschnitt weiter untersuchen, wollen wir unser Augenmerk in diesem Kapitel zunächst auf einige Integraloperatoren richten.

Deren Eigenschaften werden in den nächsten Kapiteln von Bedeutung sein. Insbesondere die Vollstetigkeit der Integraloperatoren wird beim Übergang zu einer komplexen Integralgleichung im Kapitel 6 zum Tragen kommen.

4.1 Der Vekuasche Integraloperator T_G

Wir wollen nun das in der allgemeinen Integraldarstellung des Satzes 2.16 auftretende Gebietsintegral formaler betrachten, indem wir es als Integraloperator auffassen.

Da sich Vekua insbesondere in [Ve63] verstärkt mit diesem Operator auseinandersetzte, wollen wir zu folgender Begriffsbildung kommen.

Definition 4.1 (Vekuascher Integraloperator). Zu einem beschränkten Gebiet G und einer Funktion $f \colon G \to \mathbb{C}$ erklären wir durch

$$T_G[f](z) = -\frac{1}{\pi} \iint\limits_G \frac{f(\zeta)}{\zeta - z} \, \mathrm{d}\xi \, \mathrm{d}\eta$$

den Vekuaschen Integraloperator T_G.

Bemerkung 4.1. Ist eine Funktion f auf dem Abschluss $\overline{G}$ eines beschränkten Gebietes G beschränkt, so gilt insbesondere

$$T_G[f](z) = -\frac{1}{\pi} \iint\limits_G \frac{f(\zeta)}{\zeta - z} \, \mathrm{d}\xi \, \mathrm{d}\eta = -\frac{1}{\pi} \iint\limits_{\overline{G}} \frac{f(\zeta)}{\zeta - z} \, \mathrm{d}\xi \, \mathrm{d}\eta$$

für jedes $z \in G$, da der Rand ∂G eine Nullmenge in $\mathbb{C}$ darstellt.

4.1.1 Der Operator T_G auf den Räumen $L^p(G)$

Bevor wir den Vekuaschen Integraloperator weiter untersuchen, wollen wir ein Ergebnis über holomorphe Parameterintegrale zur Verfügung stellen. Hierzu verallgemeinern wir ein Ergebnis aus [Fr09, Kap. 4, Lemma 4.5.6].

Lemma 4.1 (Holomorphe Parameterintegrale). *Seien $G_1 \subset \mathbb{C}$ und $G_2 \subset \mathbb{C}$ zwei Gebiete sowie $f \colon G_1 \times G_2 \to \mathbb{C}$ eine Funktion, die für jedes $\zeta \in G_1$ holomorph in G_2 ist und für alle $z \in G_2$ zur Klasse $L^1(G_1)$ gehört.*
Zusätzlich gebe es zu jeder kompakten Teilmenge $K \subset G_2$ eine reellwertige Funktion $\chi \in L^1(G_1)$ derart, dass $|f(\zeta, z)| \leq \chi(\zeta)$ für $z \in K$ und $\zeta \in G_1$ gilt.
Dann ist die Funktion

$$F(z) = \iint\limits_{G_1} f(\zeta, z) \, \mathrm{d}\xi \, \mathrm{d}\eta$$

holomorph in G_2 mit

$$F'(z) = \iint\limits_{G_1} f_z(\zeta, z) \, \mathrm{d}\xi \, \mathrm{d}\eta$$

für $z \in G_2$.

Beweis. Wir wählen $z_0 \in G_2$ beliebig. Da G_2 insbesondere offen ist, finden wir ein $\varrho_1 > 0$, sodass für die Kreisscheibe

$$K_{\varrho_1}(z_0) = \{z \in \mathbb{C} : |z - z_0| < \varrho_1\}$$

die Implikation $\overline{K_{\varrho_1}(z_0)} \subset G_2$ gilt. Wir können auf $K_{\varrho_1}(z_0)$ dann die Cauchysche Integralformel (Satz 2.11) anwenden und berechnen mit $\Gamma = \partial K_{\varrho_1}(z_0)$

$$
\begin{aligned}
f(\zeta, z) - f(\zeta, z_0) &= \frac{1}{2\pi\mathrm{i}} \int_\Gamma \frac{f(\zeta, s)}{s - z} \, \mathrm{d}s - \frac{1}{2\pi\mathrm{i}} \int_\Gamma \frac{f(\zeta, s)}{s - z_0} \, \mathrm{d}s \\
&= \frac{1}{2\pi\mathrm{i}} \int_\Gamma f(\zeta, s) \left(\frac{1}{s - z} - \frac{1}{s - z_0} \right) \mathrm{d}s \\
&= \frac{1}{2\pi\mathrm{i}} \int_\Gamma f(\zeta, s) \frac{(s - z_0) - (s - z)}{(s - z)(s - z_0)} \, \mathrm{d}s \\
&= \frac{z - z_0}{2\pi\mathrm{i}} \int_\Gamma \frac{f(\zeta, s)}{(s - z)(s - z_0)} \, \mathrm{d}s
\end{aligned}
\tag{4.1}
$$

für alle $z \in K_{\varrho_1}(z_0)$ und $\zeta \in G_1$.
Speziell gilt (4.1) damit auch für alle $z \in K_{\varrho_2}(z_0) = \{z \in \mathbb{C} : |z - z_0| < \varrho_2\}$ mit $\varrho_1 > \varrho_2 > 0$, welche zusätzlich

$$|s - z| \geq \varrho_1 - \varrho_2 > 0 \tag{4.2}$$

für alle $s \in \Gamma$ erfüllen.
Da auf der kompakten Menge $\overline{K_{\varrho_1}(z_0)}$ nach Voraussetzung eine Funktion $\chi \in L^1(G_1)$

mit $|f(\zeta, z)| \leq \chi(\zeta)$ für $z \in \overline{K_{\varrho_1}(z_0)}$ und $\zeta \in G_1$ existiert, ermitteln wir aus (4.1)

$$
\begin{aligned}
\left| \frac{f(\zeta, z) - f(\zeta, z_0)}{z - z_0} \right| &= \frac{1}{2\pi} \left| \int_\Gamma \frac{f(\zeta, s)}{(s - z)(s - z_0)} \, ds \right| \leq \frac{1}{2\pi} \int_\Gamma \frac{|f(\zeta, s)|}{|s - z| \, |s - z_0|} \, |ds| \\
&\leq \frac{1}{2\pi} \int_\Gamma \frac{\chi(\zeta)}{(\varrho_1 - \varrho_2)^2} \, |ds| = \frac{1}{2\pi} \frac{\chi(\zeta)}{(\varrho_1 - \varrho_2)^2} \int_\Gamma 1 \, |ds| \qquad (4.3) \\
&= \frac{1}{2\pi} \frac{\chi(\zeta)}{(\varrho_1 - \varrho_2)^2} 2\pi \varrho_1 = \frac{\varrho_1}{(\varrho_1 - \varrho_2)^2} \chi(\zeta)
\end{aligned}
$$

für alle $z \in K_{\varrho_2}(z_0) \setminus \{z_0\}$, wobei wir (4.2) verwendet haben.

Wir betrachten nun eine beliebige Folge $\{z_j\}_{j=1,2,\dots}$ in $K_{\varrho_2}(z_0) \setminus \{z_0\}$ mit

$$
\lim_{j \to \infty} z_j = z_0
$$

und die dadurch für $\zeta \in G_1$ induzierte Funktionenfolge

$$
F_j(\zeta) = \frac{f(\zeta, z_j) - f(\zeta, z_0)}{z_j - z_0} .
$$

Aufgrund von (4.3) sehen wir ein, dass

$$
|F_j(\zeta)| \leq \frac{\varrho_1}{(\varrho_1 - \varrho_2)^2} \chi(\zeta)
$$

und damit $F_j \in L^1(G_1)$ für jedes $j \in \mathbb{N}$ richtig ist.

Da $f(\zeta, z)$ wiederum für alle $\zeta \in G_1$ holomorph in G_2 ist, folgt

$$
F_0(\zeta) = \lim_{j \to \infty} F_j(\zeta) = \lim_{j \to \infty} \frac{f(\zeta, z_j) - f(\zeta, z_0)}{z_j - z_0} = \frac{\partial}{\partial z} f(\zeta, z_0) .
$$

Aufgrund des allgemeinen Konvergenzsatzes von Lebesgue schließen wir letztendlich $F_0 \in L^1(G_1)$ sowie

$$
\begin{aligned}
\lim_{j \to \infty} \frac{F(z_j) - F(z_0)}{z_j - z_0} &= \lim_{j \to \infty} \iint_{G_1} \frac{f(\zeta, z_j) - f(\zeta, z_0)}{z_j - z_0} \, d\xi \, d\eta = \lim_{j \to \infty} \iint_{G_1} F_j(\zeta) \, d\xi \, d\eta \\
&= \iint_{G_1} \lim_{j \to \infty} F_j(\zeta) \, d\xi \, d\eta = \iint_{G_1} \frac{\partial}{\partial z} f(\zeta, z_0) \, d\xi \, d\eta .
\end{aligned}
$$

Da dieser Grenzwert also für jede beliebige in $K_{\varrho_2}(z_0) \setminus \{z_0\}$ gegen z_0 konvergente Folge $\{z_j\}_{j=1,2,\dots}$ existiert, ist F in z_0 komplex differenzierbar mit

$$
F'(z_0) = \lim_{j \to \infty} \frac{F(z_j) - F(z_0)}{z_j - z_0} = \iint_{G_1} \frac{\partial}{\partial z} f(\zeta, z_0) \, d\xi \, d\eta .
$$

Dies gilt für jedes $z_0 \in G_2$. Somit ist F in G_2 holomorph. $\qquad \square$

Wir kommen nun zu einigen Eigenschaften des Vekuaschen Integraloperators T_G, die sich auf den Außenbereich eines Gebietes G beziehen.

Diese entnehmen wir [Ve63, Kap. I, § 5, Satz 1.13.]. Da die angegebene Quelle jedoch keinen Beweis enthält, wollen wir diese Lücke hier schließen.

Lemma 4.2. *Es seien G ein beschränktes Gebiet und $f \in L^1(G)$. Dann gelten die folgenden Aussagen:*

a) *Das Integral $T_G[f](z)$ existiert für alle $z \in \mathbb{C} \setminus \overline{G}$.*

b) *Für $|z| \to \infty$ verschwindet $T_G[f]$.*

c) *$T_G[f]$ ist außerhalb von $\overline{G}$ holomorph.*

Beweis.

a) Sei $z \in \mathbb{C} \setminus \overline{G}$ beliebig gewählt. Wir finden dann ein ϵ derart, dass

$$|\zeta - z| \geq \epsilon > 0$$

für alle $\zeta \in G$ gilt.

Zudem gilt wegen $f \in L^1(G)$

$$\left| \iint\limits_G f(\zeta)\, d\xi\, d\eta \right| \leq \iint\limits_G |f(\zeta)|\, d\xi\, d\eta \leq M < \infty$$

mit einer positiven reellen Konstanten M.

Damit schließen wir direkt

$$|T_G[f](z)| = \left| \frac{1}{\pi} \iint\limits_G \frac{f(\zeta)}{\zeta - z}\, d\xi\, d\eta \right| \leq \frac{1}{\pi} \iint\limits_G \frac{|f(\zeta)|}{|\zeta - z|}\, d\xi\, d\eta$$
$$\leq \frac{1}{\pi\epsilon} \iint\limits_G |f(\zeta)|\, d\xi\, d\eta \leq \frac{M}{\pi\epsilon} < \infty \tag{4.4}$$

für das beliebig gewählte $z \in \mathbb{C} \setminus \overline{G}$.

b) Da G beschränkt ist, können wir einen Radius $\varrho > 0$ so finden, dass die Kreisscheibe $K_\varrho(0) = \{z \in \mathbb{C} : |z| < \varrho\}$ den Abschluss $\overline{G}$ enthält.

Wegen $\overline{G} \subset K_\varrho(0)$ gilt $|\zeta| < \varrho$ für alle $\zeta \in G$ und wir erhalten

$$|\zeta - z| \geq |z| - |\zeta| \geq |z| - \varrho$$

für alle $z \in \mathbb{C}$. Zusammen mit der Konstante $M > 0$ aus Teil a) ergibt sich

$$0 \leq |T_G[f](z)| \leq \frac{1}{\pi} \iint\limits_G \frac{|f(\zeta)|}{|\zeta - z|}\, d\xi\, d\eta \leq \frac{1}{\pi} \iint\limits_G \frac{|f(\zeta)|}{|z| - \varrho}\, d\xi\, d\eta \leq \frac{M}{\pi} \frac{1}{|z| - \varrho}$$

für alle z mit $|z| > \varrho$.

Der Grenzwertübergang $|z| \to \infty$ liefert dann wegen

$$\lim_{|z| \to \infty} \frac{M}{\pi} \frac{1}{|z| - \varrho} = 0$$

die Behauptung.

c) Wir folgern die Aussage direkt, wenn wir nachweisen, dass die Funktion

$$g(\zeta, z) = -\frac{1}{\pi} \frac{f(\zeta)}{\zeta - z}$$

auf $G \times (\mathbb{C} \setminus \overline{G})$ den Voraussetzungen von Lemma 4.1 genügt.
Da $\zeta - z \neq 0$ für alle $\zeta \in G$ und $z \in \mathbb{C} \setminus \overline{G}$ ist, erhalten wir

$$\frac{\partial}{\partial \overline{z}} g(\zeta, z) = 0.$$

Die Funktion g ist also für jedes $\zeta \in G$ holomorph in $\mathbb{C} \setminus \overline{G}$.
Zudem entnehmen wir der Abschätzung (4.4) aus Teil a) insbesondere

$$\iint\limits_{G} |g(\zeta, z)| \, \mathrm{d}\xi \, \mathrm{d}\eta = \frac{1}{\pi} \iint\limits_{G} \frac{|f(\zeta)|}{|\zeta - z|} \, \mathrm{d}\xi \, \mathrm{d}\eta < \infty$$

für $z \in \mathbb{C} \setminus \overline{G}$, das heißt, $g \in L^1(G)$ ist für jedes $z \in \mathbb{C} \setminus \overline{G}$ erfüllt.
Wir zeigen nun noch, dass es zu jeder kompakten Teilmenge $K \subset (\mathbb{C} \setminus \overline{G})$ eine
Funktion $\chi \in L^1(G)$ mit $|g(\zeta, z)| \leq \chi(\zeta)$ für alle $z \in K$ und $\zeta \in G$ gibt.
Sei also $K \subset (\mathbb{C} \setminus \overline{G})$ beliebig und kompakt. Da $\overline{G}$ ebenfalls kompakt ist, erhalten
wir wegen $K \cap \overline{G} = \varnothing$ nach dem Fundamentalsatz von Weierstraß über Maxima
und Minima für alle $\zeta \in G$ und $z \in K$

$$|\zeta - z| \geq \inf_{(\zeta, z) \in \overline{G} \times K} |\zeta - z| = \min_{(\zeta, z) \in \overline{G} \times K} |\zeta - z| = \varrho_0 > 0.$$

Somit können wir

$$|g(\zeta, z)| = \frac{1}{\pi} \frac{|f(\zeta)|}{|\zeta - z|} \leq \frac{1}{\pi} \frac{|f(\zeta)|}{\varrho_0} = \chi(\zeta)$$

für alle $\zeta \in G$ und $z \in K$ ermitteln. Aus $f \in L^1(G)$ folgt dabei $\chi \in L^1(G)$.
Das Lemma 4.1 ist also anwendbar.

Damit sind alle Aussagen bewiesen. $\qquad\square$

Bevor wir als nächstes den Bildbereich des Operators T_G untersuchen, wollen wir
vorbereitend eine Ungleichung zeigen, die auf Erhard Schmidt zurückgehen soll.
Diese und ein zugehöriger Beweis lassen sich in [TV04, Abschnitt 3.3.2] finden.

Lemma 4.3 (Ungleichung von E. Schmidt). *Sei $G \subset \mathbb{C}$ ein beschränktes Gebiet.*
Dann gilt mit $0 < q < 2$

$$\iint\limits_{G} \frac{1}{|\zeta - z|^q} \, \mathrm{d}\xi \, \mathrm{d}\eta \leq \frac{2\pi}{2 - q} \left(\frac{1}{\pi} \iint\limits_{G} 1 \, \mathrm{d}\xi \, \mathrm{d}\eta \right)^{1 - \frac{q}{2}}$$

für jedes $z \in \mathbb{C}$.

Beweis. Zunächst sei

$$|G| = \iint\limits_{G} 1 \, d\xi \, d\eta$$

der Flächeninhalt des Gebietes G.
Wir betrachten dann die offene Kreisscheibe

$$K = \{\zeta \in \mathbb{C} : |\zeta - z| < \varrho\}$$

um den Punkt $z \in \mathbb{C}$ mit dem Radius ϱ. Wählen wir hierbei

$$\varrho = \left(\frac{|G|}{\pi}\right)^{\frac{1}{2}}, \tag{4.5}$$

so folgt insbesondere

$$|K| = \pi \varrho^2 = \pi \frac{|G|}{\pi} = |G| \,. \tag{4.6}$$

Die offene Kreisscheibe K hat also den gleichen Inhalt wie das Gebiet G.
Wir teilen die Integration nun auf und betrachten

$$\iint\limits_{G} \frac{1}{|\zeta - z|^q} \, d\xi \, d\eta = \iint\limits_{G \cap K} \frac{1}{|\zeta - z|^q} \, d\xi \, d\eta + \iint\limits_{G \setminus K} \frac{1}{|\zeta - z|^q} \, d\xi \, d\eta \,. \tag{4.7}$$

Für jedes $\zeta \in G \setminus K$ gilt

$$|\zeta - z| \geq \varrho$$

beziehungsweise

$$\frac{1}{|\zeta - z|^q} \leq \frac{1}{\varrho^q} \,.$$

Es folgt damit

$$\iint\limits_{G \setminus K} \frac{1}{|\zeta - z|^q} \, d\xi \, d\eta \leq \iint\limits_{G \setminus K} \frac{1}{\varrho^q} \, d\xi \, d\eta = \frac{1}{\varrho^q} \iint\limits_{G \setminus K} 1 \, d\xi \, d\eta = \frac{1}{\varrho^q} \iint\limits_{K \setminus G} 1 \, d\xi \, d\eta \,, \tag{4.8}$$

wobei wir $|G \setminus K| = |K \setminus G|$ wegen (4.6) beachten wollen.
Da nun für $\zeta \in K \setminus G$

$$|\zeta - z| \leq \varrho$$

gilt, folgt

$$\frac{1}{\varrho^q} \iint\limits_{K \setminus G} 1 \, d\xi \, d\eta = \iint\limits_{K \setminus G} \frac{1}{\varrho^q} \, d\xi \, d\eta \leq \iint\limits_{K \setminus G} \frac{1}{|\zeta - z|^q} \, d\xi \, d\eta \,. \tag{4.9}$$

Verwenden wir (4.8) und (4.9) in (4.7), ergibt sich

$$\iint\limits_{G} \frac{1}{|\zeta - z|^q}\, d\xi\, d\eta = \iint\limits_{G \cap K} \frac{1}{|\zeta - z|^q}\, d\xi\, d\eta + \iint\limits_{G \setminus K} \frac{1}{|\zeta - z|^q}\, d\xi\, d\eta \qquad (4.10)$$

$$\leq \iint\limits_{G \cap K} \frac{1}{|\zeta - z|^q}\, d\xi\, d\eta + \iint\limits_{K \setminus G} \frac{1}{|\zeta - z|^q}\, d\xi\, d\eta = \iint\limits_{K} \frac{1}{|\zeta - z|^q}\, d\xi\, d\eta\,.$$

Wir wollen schließlich noch das Integral über die Kreisscheibe K berechnen.
Zur Auswertung dieses Integrals bieten sich Polarkoordinaten (ρ, φ) um $z = x + iy$ an.
Für $\zeta = \xi + i\eta$ setzen wir

$$\xi(\rho, \varphi) = \rho \cos(\varphi) + x$$
$$\eta(\rho, \varphi) = \rho \sin(\varphi) + y$$

und ermitteln die Funktionaldeterminante

$$\det \frac{\partial(\xi, \eta)}{\partial(\rho, \varphi)} = \begin{vmatrix} \frac{\partial \xi}{\partial \rho} & \frac{\partial \xi}{\partial \varphi} \\ \frac{\partial \eta}{\partial \rho} & \frac{\partial \eta}{\partial \varphi} \end{vmatrix} = \begin{vmatrix} \cos(\varphi) & -\rho \sin(\varphi) \\ \sin(\varphi) & \rho \cos(\varphi) \end{vmatrix} = \rho\,.$$

Es ist also $d\xi\, d\eta = \rho\, d\rho\, d\varphi$ und wir berechnen

$$\iint\limits_{K} \frac{1}{|\zeta - z|^q}\, d\xi\, d\eta = \int\limits_0^{2\pi} \int\limits_0^{\varrho} \frac{1}{\rho^q}\, \rho\, d\rho\, d\varphi = \int\limits_0^{2\pi} \int\limits_0^{\varrho} \rho^{1-q}\, d\rho\, d\varphi$$

$$= \frac{2\pi}{2-q}\, \varrho^{2-q} = \frac{2\pi}{2-q} \left(\frac{|G|}{\pi} \right)^{1-\frac{q}{2}},$$

wobei wir uns an die Wahl von ϱ in (4.5) erinnern.
Zusammen mit (4.10) erhalten wir daraus die Behauptung. $\qquad\square$

Bemerkung 4.2. Ist G eine offene Kreisscheibe vom Radius $\varrho > 0$, ergibt sich aus Lemma 4.3 insbesondere

$$\iint\limits_{G} \frac{1}{|\zeta - z|}\, d\xi\, d\eta \leq 2\pi \left(\frac{1}{\pi} \iint\limits_{G} 1\, d\xi\, d\eta \right)^{\frac{1}{2}} = 2\pi \left(\frac{1}{\pi}\, \pi \varrho^2 \right)^{\frac{1}{2}} = 2\pi\varrho$$

für jedes $z \in \mathbb{C}$.

Wir sind nun in der Lage zu zeigen, dass der Vekuasche Integraloperator T_G jede Funktion der Klasse $L^p(G)$ mit $p > 2$ in eine beschränkte gleichmäßig Hölder-stetige Funktion überführt.
Dabei folgen wir den Beweisideen von [Ve63, Kap. I, § 6, Satz 1.20].

Satz 4.1. *Seien G ein beschränktes Gebiet und $p > 2$. Dann existieren Konstanten $M_1(p, G) > 0$ und $M_2(p) > 0$, sodass für jedes $f \in L^p(G)$ die Abschätzungen*

$$|T_G[f](z)| \leq M_1(p, G)\, \|f\|_{L^p(G)} \qquad (4.11)$$

$$|T_G[f](z_1) - T_G[f](z_2)| \leq M_2(p)\, \|f\|_{L^p(G)}\, |z_1 - z_2|^{\kappa}\,, \qquad \kappa = \frac{p-2}{p} \qquad (4.12)$$

für alle $z, z_1, z_2 \in \mathbb{C}$ gültig sind.

Beweis. Wir beginnen mit der ersten Ungleichung. Dazu verwenden wir die Höldersche Ungleichung und berechnen mit $p^{-1} + q^{-1} = 1$

$$|T_G[f](z)| \leq \frac{1}{\pi} \iint\limits_G \frac{|f(\zeta)|}{|\zeta - z|} \, d\xi \, d\eta \leq \frac{1}{\pi} \left(\iint\limits_G |f(\zeta)|^p \, d\xi \, d\eta \right)^{\frac{1}{p}} \left(\iint\limits_G \frac{1}{|\zeta - z|^q} \, d\xi \, d\eta \right)^{\frac{1}{q}}$$

$$= \frac{1}{\pi} \|f\|_{L^p(G)} \left(\iint\limits_G \frac{1}{|\zeta - z|^q} \, d\xi \, d\eta \right)^{\frac{1}{q}}. \qquad (4.13)$$

Der zu p konjugierte Exponent $q > 1$ erscheint wegen $q^{-1} = 1 - p^{-1}$ auch in der Form

$$q = \frac{p}{p-1} \qquad (4.14)$$

Da $p > 2$ ist, folgt zusätzlich

$$\frac{1}{q} = 1 - \frac{1}{p} > 1 - \frac{1}{2} = \frac{1}{2}$$

und somit $1 < q < 2$.

Mithilfe der Ungleichung von E. Schmidt (Lemma 4.3) können wir nun

$$\frac{1}{\pi} \left(\iint\limits_G \frac{1}{|\zeta - z|^q} \, d\xi \, d\eta \right)^{\frac{1}{q}} \leq \frac{1}{\pi} \left(\frac{2\pi}{2-q} \right)^{\frac{1}{q}} \left(\frac{1}{\pi} \iint\limits_G 1 \, d\xi \, d\eta \right)^{\frac{1}{q} - \frac{1}{2}} \qquad (4.15)$$

ermitteln.

Setzen wir unter Beachtung von (4.14)

$$M_1(p, G) = \frac{1}{\pi} \left(\frac{2\pi}{2-q} \right)^{\frac{1}{q}} \left(\frac{1}{\pi} \iint\limits_G 1 \, d\xi \, d\eta \right)^{\frac{1}{q} - \frac{1}{2}},$$

gewinnen wir aus (4.13) und (4.15) die Abschätzung (4.11) für jedes $z \in \mathbb{C}$. Die Konstante $M_1(p, G)$ hängt dabei nur von p und dem Gebiet G ab.

Die Ungleichung (4.11) ist damit für alle $z \in \mathbb{C}$ gezeigt und wir wollen uns jetzt der zweiten Ungleichung widmen.

Zunächst bemerken wir, dass die Ungleichung (4.12) für $z_1 = z_2$ ohne Weiteres gilt. Im Folgenden wollen wir daher $z_1 \neq z_2$ voraussetzen und berechnen für diese

$$T_G[f](z_1) - T_G[f](z_2) = -\frac{1}{\pi} \iint\limits_G \frac{f(\zeta)}{\zeta - z_1} \, d\xi \, d\eta + \frac{1}{\pi} \iint\limits_G \frac{f(\zeta)}{\zeta - z_2} \, d\xi \, d\eta$$

$$= -\frac{1}{\pi} \iint\limits_G \left(\frac{f(\zeta)}{\zeta - z_1} - \frac{f(\zeta)}{\zeta - z_2} \right) d\xi \, d\eta$$

$$= -\frac{1}{\pi} \iint\limits_G \frac{(\zeta - z_2)f(\zeta) - (\zeta - z_1)f(\zeta)}{(\zeta - z_1)(\zeta - z_2)} \, d\xi \, d\eta$$

$$= -\frac{z_1 - z_2}{\pi} \iint\limits_G \frac{f(\zeta)}{(\zeta - z_1)(\zeta - z_2)} \, d\xi \, d\eta.$$

Wie zu Beginn dieses Beweises bei der ersten Ungleichung verwenden wir auch hier die Höldersche Ungleichung und ermitteln

$$|T_G[f](z_1) - T_G[f](z_2)| \leq \frac{|z_1 - z_2|}{\pi} \iint\limits_G \frac{|f(\zeta)|}{|\zeta - z_1| \, |\zeta - z_2|} \, \mathrm{d}\xi \, \mathrm{d}\eta \qquad (4.16)$$

$$\leq \frac{|z_1 - z_2|}{\pi} \|f\|_{L^p(G)} \left(\iint\limits_G \frac{1}{|\zeta - z_1|^q \, |\zeta - z_2|^q} \, \mathrm{d}\xi \, \mathrm{d}\eta \right)^{\frac{1}{q}} .$$

Um nun zur geforderten Abschätzung zu gelangen, müssen wir das Integral

$$\iint\limits_G \frac{1}{|\zeta - z_1|^q \, |\zeta - z_2|^q} \, \mathrm{d}\xi \, \mathrm{d}\eta$$

näher untersuchen.
Da es sich hier anbietet, wollen wir das allgemeinere Integral

$$\iint\limits_G \frac{1}{|\zeta - z_1|^{q_1} \, |\zeta - z_2|^{q_2}} \, \mathrm{d}\xi \, \mathrm{d}\eta \qquad (4.17)$$

mit $0 < q_1 < 2$ und $0 < q_2 < 2$ betrachten.
Um dieses abzuschätzen wählen wir zunächst die offene Kreisscheibe

$$K_1 = \{\zeta \in \mathbb{C} : |\zeta - z_1| < \varrho_1\}$$

um z_1 mit dem Radius $\varrho_1 = 2\,|z_1 - z_2|$ und eine weitere Kreisscheibe

$$K_2 = \{\zeta \in \mathbb{C} : |\zeta - z_1| < \varrho_0\}$$

um z_1 mit dem Radius $\varrho_0 > \varrho_1$ derart, dass $\overline{G} \subset K_2$ gilt. Da G beschränkt sein soll, ist dies immer möglich.
Aufgrund des nicht negativen Integranden von (4.17) führt eine Vergrößerung des Integrationsgebietes nicht zu einer Verkleinerung des Integrals und wir erhalten

$$\iint\limits_G \frac{1}{|\zeta - z_1|^{q_1} \, |\zeta - z_2|^{q_2}} \, \mathrm{d}\xi \, \mathrm{d}\eta \leq \iint\limits_{K_2} \frac{1}{|\zeta - z_1|^{q_1} \, |\zeta - z_2|^{q_2}} \, \mathrm{d}\xi \, \mathrm{d}\eta . \qquad (4.18)$$

Die Integration über K_2 wollen wir im weiteren Verlauf in eine über $K_2 \setminus K_1$ und eine über K_1 aufteilen.
Für die Integration über $K_2 \setminus K_1$ ist $\zeta \notin K_1$ und wegen $\varrho_1 = 2\,|z_1 - z_2|$ gilt

$$|\zeta - z_2| \geq |z_1 - z_2| = |z_1 - \zeta + \zeta - z_2| \geq |z_1 - \zeta| - |\zeta - z_2|$$

beziehungsweise

$$2\,|\zeta - z_2| \geq |\zeta - z_1| .$$

Damit folgt

$$\iint\limits_{K_2 \setminus K_1} \frac{1}{|\zeta - z_1|^{q_1} \, |\zeta - z_2|^{q_2}} \, \mathrm{d}\xi \, \mathrm{d}\eta = 2^{q_2} \iint\limits_{K_2 \setminus K_1} \frac{1}{|\zeta - z_1|^{q_1}} \, \frac{1}{(2\,|\zeta - z_2|)^{q_2}} \, \mathrm{d}\xi \, \mathrm{d}\eta$$

$$\leq 2^{q_2} \iint\limits_{K_2 \setminus K_1} \frac{1}{|\zeta - z_1|^{q_1}} \, \frac{1}{|\zeta - z_1|^{q_2}} \, \mathrm{d}\xi \, \mathrm{d}\eta$$

und wir können das entstandene Integral mit Polarkoordinaten (ρ, φ) um $z_1 = x_1 + iy_1$ leicht ermitteln. Für $\zeta = \xi + i\eta$ setzen wir

$$\xi(\rho, \varphi) = \rho \cos(\varphi) + x_1$$
$$\eta(\rho, \varphi) = \rho \sin(\varphi) + y_1$$

und berechnen unter Beachtung der Funktionaldeterminante

$$\det \frac{\partial(\xi, \eta)}{\partial(\rho, \varphi)} = \begin{vmatrix} \frac{\partial \xi}{\partial \rho} & \frac{\partial \xi}{\partial \varphi} \\ \frac{\partial \eta}{\partial \rho} & \frac{\partial \eta}{\partial \varphi} \end{vmatrix} = \begin{vmatrix} \cos(\varphi) & -\rho \sin(\varphi) \\ \sin(\varphi) & \rho \cos(\varphi) \end{vmatrix} = \rho$$

sowie $d\xi \, d\eta = \rho \, d\rho \, d\varphi$

$$2^{q_2} \iint_{K_2 \setminus K_1} \frac{1}{|\zeta - z_1|^{q_1 + q_2}} \, d\xi \, d\eta = 2^{q_2} \int_0^{2\pi} \int_{\varrho_1}^{\varrho_0} \frac{1}{\rho^{q_1 + q_2}} \rho \, d\rho \, d\varphi = 2^{q_2} \int_0^{2\pi} \int_{\varrho_1}^{\varrho_0} \rho^{1 - q_1 - q_2} \, d\rho \, d\varphi .$$

Die Integration stellt für φ kein Problem dar. Hingegen müssen wir für die Integration über ρ eine Fallunterscheidung bezüglich q_1 und q_2 machen. Es ergibt sich

$$2^{q_2} \int_0^{2\pi} \int_{\varrho_1}^{\varrho_0} \rho^{1 - q_1 - q_2} \, d\rho \, d\varphi = \begin{cases} \dfrac{\pi \, 2^{1+q_2}}{2 - q_1 - q_2} \left(\varrho_0^{2 - q_1 - q_2} - \varrho_1^{2 - q_1 - q_2} \right) & \text{für } q_1 + q_2 \neq 2, \\[2mm] \pi \, 2^{1+q_2} (\ln \varrho_0 - \ln \varrho_1) & \text{für } q_1 + q_2 = 2. \end{cases}$$

Da für unsere Betrachtung $1 < q_1 = q = q_2 < 2$ ist, folgt insbesondere $q_1 + q_2 > 2$ beziehungsweise $2 - q_1 - q_2 < 0$ und es gilt mit $\varrho_1 = 2 |z_1 - z_2|$

$$\frac{\pi \, 2^{1+q_2}}{2 - q_1 - q_2} \left(\varrho_0^{2 - q_1 - q_2} - \varrho_1^{2 - q_1 - q_2} \right) = \frac{\pi \, 2^{1+q_2}}{q_1 + q_2 - 2} \varrho_1^{2 - q_1 - q_2} - \frac{\pi \, 2^{1+q_2}}{q_1 + q_2 - 2} \varrho_0^{2 - q_1 - q_2}$$
$$< \frac{\pi \, 2^{1+q_2}}{q_1 + q_2 - 2} \varrho_1^{2 - q_1 - q_2} \leq \frac{8\pi \, |z_1 - z_2|^{2 - q_1 - q_2}}{q_1 + q_2 - 2} .$$

Insgesamt erhalten wir also

$$\iint_{K_2 \setminus K_1} \frac{1}{|\zeta - z_1|^q \, |\zeta - z_2|^q} \, d\xi \, d\eta \leq \frac{8\pi \, |z_1 - z_2|^{2 - 2q}}{2q - 2} = M_2^{(1)}(p) \, |z_1 - z_2|^{2 - 2q} \qquad (4.19)$$

für $1 < q_1 = q = q_2 < 2$ mit der Konstanten

$$M_2^{(1)}(p) = \frac{8\pi}{2q - 2} ,$$

die wegen (4.14) nur von p abhängt.

Wir kümmern uns nun um die Integration über K_1.

Für alle $\zeta \in K_1$ gilt $|\zeta - z_1| < 2 |z_1 - z_2|$. Es bietet sich auch hier an, die Eigenschaft zu nutzen, dass K_1 eine Kreisscheibe um z_1 ist.

Speziell wollen wir noch eine Streckung beziehungsweise Stauchung vornehmen, sodass der Radius der neu entstehenden Kreisscheibe K_3 unabhängig von $|z_1 - z_2|$ ist. Gleichzeitig zentrieren wir diese um den Ursprung. Daher wollen wir

$$\zeta = |z_1 - z_2|\,\hat{\zeta} + z_1$$

setzen, wobei $\hat{\zeta} = \hat{\xi} + i\hat{\eta} \in K_3$ mit $K_3 = \{\zeta \in \mathbb{C} : |\zeta| < 2\}$ ist. Aufgrund der Funktionaldeterminante

$$\det \frac{\partial(\xi, \eta)}{\partial(\hat{\xi}, \hat{\eta})} = \begin{vmatrix} |z_1 - z_2| & 0 \\ 0 & |z_1 - z_2| \end{vmatrix} = |z_1 - z_2|^2$$

ist zudem $d\xi\,d\eta = |z_1 - z_2|^2\,d\hat{\xi}\,d\hat{\eta}$ und wir ermitteln

$$\iint\limits_{K_1} \frac{1}{|\zeta - z_1|^{q_1}\,|\zeta - z_2|^{q_2}}\,d\xi\,d\eta = \iint\limits_{K_3} \frac{|z_1 - z_2|^2}{\left||z_1 - z_2|\,\hat{\zeta}\right|^{q_1}\left||z_1 - z_2|\,\hat{\zeta} + z_1 - z_2\right|^{q_2}}\,d\hat{\xi}\,d\hat{\eta}.$$

Beachten wir die Polardarstellung

$$z_1 - z_2 = |z_1 - z_2|\,e^{i\varphi_0}$$

mit $\varphi_0 = \arg(z_1 - z_2)$, ergibt sich daraus

$$\iint\limits_{K_1} \frac{1}{|\zeta - z_1|^{q_1}\,|\zeta - z_2|^{q_2}}\,d\xi\,d\eta = |z_1 - z_2|^{2-q_1-q_2} \iint\limits_{K_3} \frac{1}{|\zeta|^{q_1}\,|\zeta + e^{i\varphi_0}|^{q_2}}\,d\xi\,d\eta. \quad (4.20)$$

Dabei sei darauf hingewiesen, dass wir im rechten Integral lediglich die Notation (von $\hat{\zeta}$ zu ζ) geändert haben.
Es verbleibt die Beschränktheit des Integrals

$$\iint\limits_{K_3} \frac{1}{|\zeta|^{q_1}\,|\zeta + e^{i\varphi_0}|^{q_2}}\,d\xi\,d\eta$$

für $0 < q_1 < 2$ und $0 < q_2 < 2$ zu zeigen. Hierzu unterteilen wir die Kreisscheibe K_3 in die disjunkten Mengen

$$K_3^{(1)} = \left\{\zeta \in \mathbb{C} : |\zeta| < \frac{1}{4}\right\}$$

$$K_3^{(2)} = \left\{\zeta \in \mathbb{C} : \left|\zeta + e^{i\varphi_0}\right| < \frac{1}{4}\right\}$$

$$K_3^{(3)} = K_3 \setminus \left(K_3^{(1)} \cup K_3^{(2)}\right)$$

und schätzen die Integrale über jede dieser Mengen einzeln ab.
Für $\zeta \in K_3^{(1)}$ ist $|\zeta + e^{i\varphi_0}| \geq \frac{1}{4}$ und wir ermitteln unter Verwendung von Polarkoordinaten

$$\iint\limits_{K_3^{(1)}} \frac{1}{|\zeta|^{q_1}\,|\zeta + e^{i\varphi_0}|^{q_2}}\,d\xi\,d\eta \leq \iint\limits_{K_3^{(1)}} \frac{4^{q_2}}{|\zeta|^{q_1}}\,d\xi\,d\eta = 4^{q_2}\int\limits_0^{2\pi}\int\limits_0^{\frac{1}{4}} \frac{1}{\rho^{q_1}}\,\rho\,d\rho\,d\varphi$$

$$= 4^{q_2}\int\limits_0^{2\pi}\int\limits_0^{\frac{1}{4}} \rho^{1-q_1}\,d\rho\,d\varphi = \frac{2\pi}{2 - q_1}\,4^{q_1+q_2-2}.$$

Analog ist $|\zeta| \geq \frac{1}{4}$ für $\zeta \in K_3^{(2)}$ und wir berechnen mit Polarkoordinaten um $-\mathrm{e}^{\mathrm{i}\varphi_0}$

$$
\iint\limits_{K_3^{(2)}} \frac{1}{|\zeta|^{q_1} |\zeta + \mathrm{e}^{\mathrm{i}\varphi_0}|^{q_2}} \, \mathrm{d}\xi \, \mathrm{d}\eta \leq \iint\limits_{K_3^{(2)}} \frac{4^{q_1}}{|\zeta + \mathrm{e}^{\mathrm{i}\varphi_0}|^{q_2}} \, \mathrm{d}\xi \, \mathrm{d}\eta = 4^{q_1} \int\limits_0^{2\pi} \int\limits_0^{\frac{1}{4}} \frac{1}{\rho^{q_2}} \, \rho \, \mathrm{d}\rho \, \mathrm{d}\varphi
$$

$$
= 4^{q_1} \int\limits_0^{2\pi} \int\limits_0^{\frac{1}{4}} \rho^{1-q_2} \, \mathrm{d}\rho \, \mathrm{d}\varphi = \frac{2\pi}{2 - q_2} 4^{q_1 + q_2 - 2} \; .
$$

Für $\zeta \in K_3^{(3)}$ ist sowohl $|\zeta| \geq \frac{1}{4}$ als auch $|\zeta + \mathrm{e}^{\mathrm{i}\varphi_0}| \geq \frac{1}{4}$ und wir sehen

$$
\iint\limits_{K_3^{(3)}} \frac{1}{|\zeta|^{q_1} |\zeta + \mathrm{e}^{\mathrm{i}\varphi_0}|^{q_2}} \, \mathrm{d}\xi \, \mathrm{d}\eta \leq \iint\limits_{K_3^{(3)}} 4^{q_1} 4^{q_2} \, \mathrm{d}\xi \, \mathrm{d}\eta \leq 4^{q_1 + q_2} \iint\limits_{K_3} 1 \, \mathrm{d}\xi \, \mathrm{d}\eta = \pi \, 4^{1 + q_1 + q_2} \; ,
$$

wobei wir $K_3^{(3)} \subset K_3$ verwendet haben. Das Integral über K_3 entspricht dabei dem Flächeninhalt des Kreises vom Radius 2.

Da für unser Problem $1 < q_1 = q = q_2 < 2$ ist, erhalten wir insgesamt die Abschätzung

$$
\iint\limits_{K_3} \frac{1}{|\zeta|^q |\zeta + \mathrm{e}^{\mathrm{i}\varphi_0}|^q} \, \mathrm{d}\xi \, \mathrm{d}\eta \leq M_2^{(2)}(p) \tag{4.21}
$$

mit der Konstanten

$$
M_2^{(2)}(p) = 4\pi \left(\frac{1}{2 - q} 4^{2q - 2} + 4^{2q} \right) ,
$$

die aufgrund von (4.14) nur von p abhängt.

Verwenden wir nun (4.21) in (4.20), ergibt sich zusammen mit (4.19) für (4.18)

$$
\iint\limits_G \frac{1}{|\zeta - z_1|^q |\zeta - z_2|^q} \, \mathrm{d}\xi \, \mathrm{d}\eta \leq \left(M_2^{(1)}(p) + M_2^{(2)}(p) \right) |z_1 - z_2|^{2 - 2q} \; .
$$

Schlussendlich führt diese Abschätzung in (4.16) zu

$$
|T_G[f](z_1) - T_G[f](z_2)| \leq \frac{|z_1 - z_2|}{\pi} \|f\|_{L^p(G)} \left(\left(M_2^{(1)}(p) + M_2^{(2)}(p) \right) |z_1 - z_2|^{2 - 2q} \right)^{\frac{1}{q}}
$$

$$
= M_2(p) \|f\|_{L^p(G)} |z_1 - z_2|^{\frac{2}{q} - 1}
$$

mit

$$
M_2(p) = \frac{1}{\pi} \left(M_2^{(1)}(p) + M_2^{(2)}(p) \right)^{\frac{1}{q}} \; .
$$

Wegen

$$
\frac{2}{q} - 1 = 2 \left(1 - \frac{1}{p} \right) - 1 = 1 - \frac{2}{p} = \frac{p - 2}{p} = \kappa
$$

ergibt sich auch die zweite Ungleichung in der angegebenen Form. $\qquad\qquad\square$

Bemerkung 4.3. Der Vekuasche Integraloperator überführt nach Satz 4.1 jede Funktion der Klasse $L^p(G)$ mit $p > 2$ in eine in $\mathbb{C}$ beschränkte und Hölder-stetige Funktion. Wir wollen jetzt die Erkenntnisse aus Lemma 4.2 und Satz 4.1 benutzen um das folgende Ergebnis zu zeigen.

Lemma 4.4. *Es seien G ein beschränktes Gebiet und $f \in L^p(G)$ mit $p > 2$. Dann gilt mit $\Gamma = \partial G$*

$$\frac{1}{2\pi i} \int_{\Gamma} \frac{T_G[f](z)}{z - s} \, dz = 0$$

für alle $s \in G$.

Beweis. Da das Gebiet G beschränkt sein soll, können wir zunächst einen Radius $\varrho > 0$ derart wählen, dass die Kreisscheibe $K_\varrho(0) = \{z \in \mathbb{C} : |z| < \varrho\}$ den Abschluss $\overline{G}$ enthält und zusätzlich

$$|z - s| \geq |z| - |s| = \varrho - |s| \geq \frac{1}{2}\varrho \tag{4.22}$$

für jedes $z \in \mathbb{C}$ mit $|z| = \varrho$ und alle $s \in G$ gilt. Wir bemerken noch, dass diese Abschätzung auch für jedes $\varrho_0 > \varrho$ gültig bleibt.

Da die Funktion $T_G[f]$ nach Lemma 4.2 c) in $\mathbb{C} \backslash \overline{G}$ holomorph und zudem nach Satz 4.1 in ganz $\mathbb{C}$ stetig ist, ermitteln wir, dass

$$g(z) = \frac{T_G[f](z)}{z - s}$$

für jedes $s \in G$ holomorph in $\mathbb{C} \backslash \overline{G}$ und stetig in $\mathbb{C} \backslash G$ ist. Dabei beachten wir, dass $z - s$ für alle $z \in \mathbb{C} \backslash G$ und $s \in G$ stetig und holomorph ist sowie $z - s \neq 0$ für diese Elemente gilt.

Wir können daher Satz 2.10 auf die Funktion g für das Gebiet $K_\varrho(0) \backslash \overline{G}$ anwenden und erhalten

$$\int_{\Gamma} \frac{T_G[f](z)}{z - s} \, dz = \int_{|z| = \varrho} \frac{T_G[f](z)}{z - s} \, dz$$

für jedes $s \in G$.

Wir nutzen diese Identität und ermitteln unter Verwendung von (4.22)

$$\left| \frac{1}{2\pi i} \int_{\Gamma} \frac{T_G[f](z)}{z - s} \, dz \right| = \left| \frac{1}{2\pi i} \int_{|z| = \varrho} \frac{T_G[f](z)}{z - s} \, dz \right| \leq \frac{1}{2\pi} \int_{|z| = \varrho} \frac{|T_G[f](z)|}{|z - s|} \, |dz|$$

$$\leq \frac{1}{2\pi} \frac{2}{\varrho} \left(\sup_{|z| = \varrho} |T_G[f](z)| \right) \int_{|z| = \varrho} 1 \, |dz| \tag{4.23}$$

$$= \frac{1}{\pi\varrho} 2\pi\varrho \sup_{|z| = \varrho} |T_G[f](z)| = 2 \sup_{|z| = \varrho} |T_G[f](z)|$$

für alle $s \in G$.

Da nach Lemma 4.2 b) die Funktion $T_G[f]$ für $|z| \to \infty$ verschwindet, folgt insbesondere

$$\lim_{\varrho \to \infty} \sup_{|z|=\varrho} |T_G[f](z)| = 0$$

und somit

$$\left| \frac{1}{2\pi i} \int_\Gamma \frac{T_G[f](z)}{z-s} \, dz \right| \leq 0$$

beim Grenzübergang $\varrho \to \infty$ in (4.23). Wir erhalten daraus sofort die Aussage. $\qquad\square$

4.1.2 Der Vekuasche Integraloperator für stetige Funktionen

Wie wir später erkennen, werden wir Lösungen des RHV-Randwertproblems im Banachraum der auf $\overline{G}$ stetigen Funktionen suchen. Daher wollen wir den Vekuaschen Integraloperator nun speziell auf dem Raum der stetigen Funktionen betrachten.

Da eine Funktion der Klasse $C(\overline{G})$ nach dem Fundamentalsatz von Weierstraß über Maxima und Minima in $\overline{G}$ beschränkt ist, können wir

$$\|f\|_{L^p(G)} = \left(\iint_G |f(\zeta)|^p \, d\xi \, d\eta \right)^{\frac{1}{p}} \leq \left(\left(\sup_{z \in \overline{G}} |f(z)| \right)^p \iint_G 1 \, d\xi \, d\eta \right)^{\frac{1}{p}}$$

$$= |G|^{\frac{1}{p}} \sup_{z \in \overline{G}} |f(z)|$$

beziehungsweise

$$\|f\|_{L^p(G)} \leq M(p,G) \, \|f\|_{C(\overline{G})} \tag{4.24}$$

mit der Konstanten $M(p,G) = |G|^{\frac{1}{p}}$ für alle $f \in C(\overline{G})$ und $p \in [1, \infty)$ ermitteln. Die Konstante $M(p,G)$ hängt dabei nur von p und dem Inhalt des Gebietes G ab.

Insbesondere ist es mit diesen Überlegungen möglich die Abschätzungen (4.11) und (4.12) aus dem Satz 4.1 für Funktionen der Klasse $C(\overline{G})$ in die folgende Form zu überführen.

Satz 4.2. *Sei G ein beschränktes Gebiet. Zu jedem $\kappa \in (0,1)$ existieren dann Konstanten $M_1(\kappa, G) > 0$ und $M_2(\kappa, G) > 0$, sodass für jedes $f \in C(\overline{G})$*

$$|T_G[f](z)| \leq M_1(\kappa, G) \, \|f\|_{C(\overline{G})} \tag{4.25}$$

$$|T_G[f](z_1) - T_G[f](z_2)| \leq M_2(\kappa, G) \, \|f\|_{C(\overline{G})} \, |z_1 - z_2|^\kappa \tag{4.26}$$

für alle $z, z_1, z_2 \in \mathbb{C}$ richtig ist.

Beweis. Zunächst bemerken wir die Inklusion $C(\overline{G}) \subset L^p(G)$ für jedes $p > 2$ aufgrund von (4.24). Zu einem vorgegebenen $\kappa \in (0,1)$ wählen wir nun

$$p = \frac{2}{1-\kappa} > 2 \, . \tag{4.27}$$

Da mit diesem p insbesondere $f \in L^p(G)$ richtig ist, erhalten wir unter Verwendung von (4.24) in (4.11) und (4.12) direkt die Abschätzungen (4.25) und (4.26). Wir beachten dabei die Äquivalenz

$$p = \frac{2}{1-\kappa} \quad \Leftrightarrow \quad \kappa = 1 - \frac{2}{p} = \frac{p-2}{p}$$

und wegen (4.27) die Abhängigkeit der Konstanten M_1 und M_2 von κ anstelle von p. Zudem ist im Gegensatz zur Konstanten M_2 aus der Ungleichung (4.12) die Konstante $M_2(\kappa, G)$ aus der Abschätzung (4.26) wegen (4.24) hier auch von G abhängig. $\qquad\square$

Bemerkung 4.4. Nach Satz 4.2 ist das Bild $T_G[f]$ jeder stetigen Funktion $f \in C(\overline{G})$ in $\overline{G}$ gleichmäßig Hölder-stetig und wir haben insbesondere $T_G \colon C(\overline{G}) \to C(\overline{G})$.

Mithilfe des Satzes 4.2 können wir nun direkt folgern, dass der Vekuasche Integraloperator im Raum $C(\overline{G})$ vollstetig ist. Diese Erkenntnis wird für die Lösbarkeitstheorie von Integralgleichungen später entscheidend sein.

Satz 4.3 (Vollstetigkeit des Vekuaschen Integraloperators). *Es sei G ein beschränktes Gebiet. Dann ist der Vekuasche Integraloperator $T_G \colon C(\overline{G}) \to C(\overline{G})$ vollstetig.*

Beweis. Anhand von Satz 4.2 erkennen wir, dass $T_G \colon C(\overline{G}) \to C(\overline{G})$ den Voraussetzungen von Satz 2.4 genügt. Daher können wir diesen auf den Vekuaschen Integraloperator anwenden und erhalten sofort die Vollstetigkeit. $\qquad\square$

Wir wollen unsere Untersuchungen des Vekuaschen Integraloperators nun mit der Betrachtung seiner Differenzierbarkeit abschließen. Vorbereitend dazu zeigen wir das folgende Ergebnis.

Lemma 4.5. *Sei G die offene Kreisscheibe um $z_0 \in \mathbb{C}$ vom Radius $\varrho > 0$. Dann gilt*

$$\iint\limits_G \frac{1}{\zeta - z} \, d\xi \, d\eta = -\pi \overline{z} + \pi \overline{z_0}$$

für $z \in G$.

Beweis. Sei $z \in G$ beliebig gewählt. Wir bemerken dann

$$\frac{1}{\zeta - z} = \frac{\partial}{\partial \overline{\zeta}} \left(\frac{\overline{\zeta}}{\zeta - z} \right) \tag{4.28}$$

für alle $\zeta \in G \setminus \{z\}$.
Nun wählen wir ein $\epsilon > 0$ derart, dass $\overline{K_\epsilon} \subset G$ für die offene Kreisscheibe

$$K_\epsilon = \{\zeta \in \mathbb{C} : |\zeta - z| < \epsilon\}$$

richtig ist.
Wir erklären damit die Menge $G_\epsilon = G \setminus \overline{K_\epsilon}$ und wenden auf dieser mithilfe von (4.28) den Gaußschen Integralsatz (Satz 2.15) an. Dieser liefert uns

$$\iint\limits_{G_\epsilon} \frac{1}{\zeta - z} \, d\xi \, d\eta = \iint\limits_{G_\epsilon} \frac{\partial}{\partial \overline{\zeta}} \left(\frac{\overline{\zeta}}{\zeta - z} \right) d\xi \, d\eta = \frac{1}{2i} \int\limits_{\partial G_\epsilon} \frac{\overline{\zeta}}{\zeta - z} \, d\zeta . \tag{4.29}$$

Unter Beachtung der Orientierung der Kurvenintegrale folgt

$$\int_{\partial G_\epsilon} \frac{\overline{\zeta}}{\zeta - z}\, \mathrm{d}\zeta = \int_{\partial G} \frac{\overline{\zeta}}{\zeta - z}\, \mathrm{d}\zeta - \int_{\partial K_\epsilon} \frac{\overline{\zeta}}{\zeta - z}\, \mathrm{d}\zeta = \int_{|\zeta - z_0| = \varrho} \frac{\overline{\zeta}}{\zeta - z}\, \mathrm{d}\zeta - \int_{|\zeta - z| = \epsilon} \frac{\overline{\zeta}}{\zeta - z}\, \mathrm{d}\zeta.$$

Wir kümmern uns zunächst um die Integration entlang des Randes ∂K_ϵ. Dazu parametrisieren wir den Rand ∂K_ϵ durch $\zeta(\varphi) = \epsilon\, \mathrm{e}^{\mathrm{i}\varphi} + z$ mit $\varphi \in [0, 2\pi)$ und erhalten wegen $\zeta'(\varphi) = \mathrm{i}\epsilon\, \mathrm{e}^{\mathrm{i}\varphi}$

$$\int_{|\zeta - z| = \epsilon} \frac{\overline{\zeta}}{\zeta - z}\, \mathrm{d}\zeta = \int_0^{2\pi} \frac{\epsilon\, \mathrm{e}^{-\mathrm{i}\varphi} + \overline{z}}{\epsilon\, \mathrm{e}^{\mathrm{i}\varphi}}\, \mathrm{i}\epsilon\, \mathrm{e}^{\mathrm{i}\varphi}\, \mathrm{d}\varphi = \mathrm{i}\epsilon \int_0^{2\pi} \mathrm{e}^{-\mathrm{i}\varphi}\, \mathrm{d}\varphi + \mathrm{i} \int_0^{2\pi} \overline{z}\, \mathrm{d}\varphi = 2\pi \mathrm{i}\, \overline{z}. \qquad (4.30)$$

Für das Integral über den Rand ∂G nehmen wir eine Translation vor, sodass der Kreisring um den Nullpunkt zentriert wird. Dafür setzen wir $\zeta = s + z_0$ und ermitteln

$$\int_{|\zeta - z_0| = \varrho} \frac{\overline{\zeta}}{\zeta - z}\, \mathrm{d}\zeta = \int_{|s| = \varrho} \frac{\overline{s + z_0}}{s + z_0 - z}\, \mathrm{d}s = \int_{|s| = \varrho} \frac{\overline{s + z_0}}{s - (z - z_0)}\, \mathrm{d}s. \qquad (4.31)$$

Wir betrachten nun die Funktion $g(s) = s + z_0$, welche in ganz $\mathbb{C}$ holomorph und insbesondere für alle $s \in \mathbb{C}$ mit $|s| \leq \varrho$ stetig ist. Somit können wir zur Berechnung des Integrals (4.31) das Lemma 2.4 heranziehen und schließen

$$\int_{|s| = \varrho} \frac{\overline{s + z_0}}{s - (z - z_0)}\, \mathrm{d}s = \int_{|s| = \varrho} \frac{\overline{g(s)}}{s - (z - z_0)}\, \mathrm{d}s = 2\pi \mathrm{i}\, \overline{g(0)} = 2\pi \mathrm{i}\, \overline{z_0}, \qquad (4.32)$$

wobei wir $|z - z_0| < \varrho$ bemerken.

Verwenden wir die Ergebnisse (4.30) und (4.32) in (4.29), folgt nun

$$\iint_{G_\epsilon} \frac{1}{\zeta - z}\, \mathrm{d}\xi\, \mathrm{d}\eta = \frac{1}{2\mathrm{i}} \int_{\partial G_\epsilon} \frac{\overline{\zeta}}{\zeta - z}\, \mathrm{d}\zeta = -\pi\, \overline{z} + \pi\, \overline{z_0}.$$

Da nach der Ungleichung von E. Schmidt (Lemma 4.3) zudem

$$\iint_G \left| \frac{1}{\zeta - z} \right|\, \mathrm{d}\xi\, \mathrm{d}\eta < \infty$$

gilt, erkennen wir aus

$$\iint_G \frac{1}{\zeta - z}\, \mathrm{d}\xi\, \mathrm{d}\eta = \lim_{\epsilon \to 0} \iint_{G_\epsilon} \frac{1}{\zeta - z}\, \mathrm{d}\xi\, \mathrm{d}\eta = -\pi\, \overline{z} + \pi\, \overline{z_0}$$

die Richtigkeit der Behauptung. $\qquad\qquad\qquad\qquad\qquad\qquad\qquad\qquad\qquad\qquad$ $\square$

Damit kommen wir jetzt zur nachstehenden Aussage über die Differenzierbarkeit des Vekuaschen Integraloperators, für deren Beweis wir uns an den Ausführungen von [Be53, Chap. I, § 3] orientieren.

Satz 4.4. *Seien G ein beschränktes Gebiet und $f \in C(\overline{G})$ in G Hölder-stetig. Dann gelten $T_G[f] \in C^1(G)$ sowie*

$$\frac{\partial}{\partial \overline{z}} T_G[f](z) = f(z) \tag{4.33}$$

für $z \in G$.

Beweis. Wir wählen zu einem beliebigen $z_0 \in G$ ein $\varrho > 0$, sodass für die offene Kreisscheibe

$$K(z_0) = \{\zeta \in \mathbb{C} : |\zeta - z_0| < \varrho\}$$

die Implikation $\overline{K(z_0)} \subset G$ richtig ist.

Um die gewünschte Aussage zu ermitteln, wollen wir die Integration aufteilen und sehen unter Beachtung der Bemerkung 4.1

$$
\begin{aligned}
T_G[f](z) &= -\frac{1}{\pi} \iint_G \frac{f(\zeta)}{\zeta - z} \, \mathrm{d}\xi \, \mathrm{d}\eta \\
&= -\frac{1}{\pi} \iint_{K(z_0)} \frac{f(z_0)}{\zeta - z} \, \mathrm{d}\xi \, \mathrm{d}\eta - \frac{1}{\pi} \iint_{K(z_0)} \frac{f(\zeta) - f(z_0)}{\zeta - z} \, \mathrm{d}\xi \, \mathrm{d}\eta - \frac{1}{\pi} \iint_{G \backslash K(z_0)} \frac{f(\zeta)}{\zeta - z} \, \mathrm{d}\xi \, \mathrm{d}\eta
\end{aligned}
$$

für jedes $z \in K(z_0)$ ein.

Mithilfe des Lemmas 4.5 erhalten wir

$$g_1(z) = -\frac{1}{\pi} \iint_{K(z_0)} \frac{f(z_0)}{\zeta - z} \, \mathrm{d}\xi \, \mathrm{d}\eta = f(z_0) \, \overline{z} - f(z_0) \, \overline{z_0}$$

für $z \in K(z_0)$. Daraus folgt insbesondere, dass die Funktion g_1 in z_0 stetig differenzierbar ist und

$$\frac{\partial}{\partial \overline{z}} g_1(z_0) = \frac{\partial}{\partial \overline{z}} \left(-\frac{1}{\pi} \iint_{K(z_0)} \frac{f(z_0)}{\zeta - z_0} \, \mathrm{d}\xi \, \mathrm{d}\eta \right) = f(z_0) \tag{4.34}$$

gilt.

Wir wollen nun direkt zeigen, dass die Funktion

$$g_2(z) = -\frac{1}{\pi} \iint_{K(z_0)} \frac{f(\zeta) - f(z_0)}{\zeta - z} \, \mathrm{d}\xi \, \mathrm{d}\eta$$

in z_0 komplex differenzierbar ist und ihre Ableitung in z_0 durch

$$-\frac{1}{\pi} \iint_{K(z_0)} \frac{f(\zeta) - f(z_0)}{(\zeta - z_0)^2} \, \mathrm{d}\xi \, \mathrm{d}\eta \tag{4.35}$$

gegeben ist.

Da f nach Voraussetzung in G Hölder-stetig sein soll, gibt es Konstanten $M > 0$ und $\kappa \in (0, 1)$, sodass

$$|f(\zeta_1) - f(\zeta_2)| \le M \, |\zeta_1 - \zeta_2|^\kappa$$

für alle $\zeta_1, \zeta_2 \in \overline{K(z_0)}$ gilt. Folglich existiert das Integral (4.35) aufgrund von

$$\left| -\frac{1}{\pi} \iint\limits_{K(z_0)} \frac{f(\zeta) - f(z_0)}{(\zeta - z_0)^2} \, d\xi \, d\eta \right| \le \frac{1}{\pi} \iint\limits_{K(z_0)} \frac{|f(\zeta) - f(z_0)|}{|\zeta - z_0|^2} \, d\xi \, d\eta$$

$$\le \frac{M}{\pi} \iint\limits_{K(z_0)} \frac{1}{|\zeta - z_0|^{2-\kappa}} \, d\xi \, d\eta < \infty,$$

wobei wir die Ungleichung von E. Schmidt (Lemma 4.3) beachten.

Für jedes $s \in \mathbb{C}$ mit $0 < |s| < \varrho$ berechnen wir

$$\frac{g_2(z_0 + s) - g_2(z_0)}{s} = -\frac{1}{\pi} \frac{1}{s} \iint\limits_{K(z_0)} \frac{f(\zeta) - f(z_0)}{\zeta - z_0 - s} - \frac{f(\zeta) - f(z_0)}{\zeta - z_0} \, d\xi \, d\eta$$

$$= -\frac{1}{\pi} \frac{1}{s} \iint\limits_{K(z_0)} \frac{s(f(\zeta) - f(z_0))}{(\zeta - z_0 - s)(\zeta - z_0)} \, d\xi \, d\eta$$

$$= -\frac{1}{\pi} \iint\limits_{K(z_0)} \frac{f(\zeta) - f(z_0)}{(\zeta - z_0 - s)(\zeta - z_0)} \, d\xi \, d\eta$$

und erhalten damit

$$\frac{g_2(z_0 + s) - g_2(z_0)}{s} - \left(-\frac{1}{\pi} \iint\limits_{K(z_0)} \frac{f(\zeta) - f(z_0)}{(\zeta - z_0)^2} \, d\xi \, d\eta \right)$$

$$= -\frac{1}{\pi} \iint\limits_{K(z_0)} (f(\zeta) - f(z_0)) \left(\frac{1}{(\zeta - z_0 - s)(\zeta - z_0)} - \frac{1}{(\zeta - z_0)^2} \right) d\xi \, d\eta \qquad (4.36)$$

$$= -\frac{s}{\pi} \iint\limits_{K(z_0)} \frac{f(\zeta) - f(z_0)}{(\zeta - z_0 - s)(\zeta - z_0)^2} \, d\xi \, d\eta.$$

Nun wollen wir das Integral

$$\iint\limits_{K(z_0)} \frac{|f(\zeta) - f(z_0)|}{|\zeta - z_0 - s| \, |\zeta - z_0|^2} \, d\xi \, d\eta$$

für alle $s \in \mathbb{C}$ mit $0 < |s| < \frac{\varrho}{2}$ in Abhängigkeit von $|s|$ abschätzen.

Ähnlich wie im zweiten Teil des Beweises von Satz 4.1 teilen wir die Kreisscheibe $K(z_0)$ in die drei disjunkten Mengen

$$K_1 = \left\{ \zeta \in \mathbb{C} : |\zeta - z_0| < \frac{|s|}{2} \right\}$$

$$K_2 = \left\{ \zeta \in \mathbb{C} : |\zeta - z_0 - s| < \frac{|s|}{2} \right\}$$

$$K_3 = K(z_0) \setminus (K_1 \cup K_2)$$

auf und schätzen die Integrale getrennt ab.

Für alle $\zeta \in K_1$ gilt $|\zeta - z_0 - s| \geq \frac{|s|}{2}$ und wir erhalten unter zusätzlicher Verwendung der Hölder-Stetigkeit von f auf $\overline{K(z_0)}$

$$\iint\limits_{K_1} \frac{|f(\zeta) - f(z_0)|}{|\zeta - z_0 - s|\,|\zeta - z_0|^2}\,\mathrm{d}\xi\,\mathrm{d}\eta \leq \iint\limits_{K_1} \frac{2}{|s|}\,\frac{M\,|\zeta - z_0|^\kappa}{|\zeta - z_0|^2}\,\mathrm{d}\xi\,\mathrm{d}\eta$$

$$= \frac{2M}{|s|} \iint\limits_{K_1} \frac{1}{|\zeta - z_0|^{2-\kappa}}\,\mathrm{d}\xi\,\mathrm{d}\eta\,.$$

Mit Polarkoordinaten (ρ, φ) um $z_0 = x_0 + iy_0$ können wir dieses Integral auswerten. Für $\zeta = \xi + i\eta$ setzen wir

$$\xi(\rho, \varphi) = \rho\cos(\varphi) + x_0$$
$$\eta(\rho, \varphi) = \rho\sin(\varphi) + y_0$$

und berechnen unter Beachtung der Funktionaldeterminante

$$\det \frac{\partial(\xi, \eta)}{\partial(\rho, \varphi)} = \begin{vmatrix} \frac{\partial\xi}{\partial\rho} & \frac{\partial\xi}{\partial\varphi} \\ \frac{\partial\eta}{\partial\rho} & \frac{\partial\eta}{\partial\varphi} \end{vmatrix} = \begin{vmatrix} \cos(\varphi) & -\rho\sin(\varphi) \\ \sin(\varphi) & \rho\cos(\varphi) \end{vmatrix} = \rho$$

sowie $\mathrm{d}\xi\,\mathrm{d}\eta = \rho\,\mathrm{d}\rho\,\mathrm{d}\varphi$

$$\frac{2M}{|s|} \iint\limits_{K_1} \frac{1}{|\zeta - z_0|^{2-\kappa}}\,\mathrm{d}\xi\,\mathrm{d}\eta = \frac{2M}{|s|} \int\limits_0^{2\pi} \int\limits_0^{\frac{|s|}{2}} \frac{1}{\rho^{2-\kappa}}\,\rho\,\mathrm{d}\rho\,\mathrm{d}\varphi$$

$$= \frac{2M}{|s|} \int\limits_0^{2\pi} \int\limits_0^{\frac{|s|}{2}} \rho^{\kappa-1}\,\mathrm{d}\rho\,\mathrm{d}\varphi = \frac{4\pi M}{|s|}\,\frac{1}{\kappa}\left(\frac{|s|}{2}\right)^\kappa = \frac{4\pi M}{\kappa\,2^\kappa}\,|s|^{\kappa-1}\,,$$

wobei wir $\kappa \in (0, 1)$ beachten.

Es ist also

$$\iint\limits_{K_1} \frac{|f(\zeta) - f(z_0)|}{|\zeta - z_0 - s|\,|\zeta - z_0|^2}\,\mathrm{d}\xi\,\mathrm{d}\eta \leq \frac{4\pi M}{\kappa\,2^\kappa}\,|s|^{\kappa-1}\,. \tag{4.37}$$

In annähernd gleicher Weise erhalten wir wegen $|\zeta - z_0| \geq \frac{|s|}{2}$ für alle $\zeta \in K_2$

$$\iint\limits_{K_2} \frac{|f(\zeta) - f(z_0)|}{|\zeta - z_0 - s|\,|\zeta - z_0|^2}\,\mathrm{d}\xi\,\mathrm{d}\eta \leq \iint\limits_{K_2} \frac{M\,|\zeta - z_0|^\kappa}{|\zeta - z_0 - s|\,|\zeta - z_0|^2}\,\mathrm{d}\xi\,\mathrm{d}\eta$$

$$= M \iint\limits_{K_2} \frac{1}{|\zeta - z_0 - s|\,|\zeta - z_0|^{2-\kappa}}\,\mathrm{d}\xi\,\mathrm{d}\eta$$

$$\leq M \left(\frac{2}{|s|}\right)^{2-\kappa} \iint\limits_{K_2} \frac{1}{|\zeta - z_0 - s|}\,\mathrm{d}\xi\,\mathrm{d}\eta$$

und können mit Polarkoordinaten um $z_0 + s$

$$M\left(\frac{2}{|s|}\right)^{2-\kappa} \iint\limits_{K_2} \frac{1}{|\zeta - z_0 - s|} \, d\xi \, d\eta = M\left(\frac{2}{|s|}\right)^{2-\kappa} \int\limits_0^{2\pi} \int\limits_0^{\frac{|s|}{2}} \frac{1}{\rho} \, \rho \, d\rho \, d\varphi$$

$$= M\left(\frac{2}{|s|}\right)^{2-\kappa} 2\pi \frac{|s|}{2} = \frac{4\pi M}{2^\kappa} |s|^{\kappa-1}$$

berechnen.
Somit gilt

$$\iint\limits_{K_2} \frac{|f(\zeta) - f(z_0)|}{|\zeta - z_0 - s| \, |\zeta - z_0|^2} \, d\xi \, d\eta \le \frac{4\pi M}{2^\kappa} |s|^{\kappa-1} . \tag{4.38}$$

Es verbleibt das Integral über K_3 abzuschätzen. Dafür bemerken wir zunächst

$$|\zeta - z_0 - s| \ge \frac{|s|}{2} = \frac{1}{2} |(\zeta - z_0) - (\zeta - z_0 - s)| \ge \frac{1}{2} |\zeta - z_0| - \frac{1}{2} |\zeta - z_0 - s|$$

beziehungsweise

$$3 |\zeta - z_0 - s| \ge |\zeta - z_0|$$

für alle $\zeta \in K_3$.
Damit können wir dann

$$\iint\limits_{K_3} \frac{|f(\zeta) - f(z_0)|}{|\zeta - z_0 - s| \, |\zeta - z_0|^2} \, d\xi \, d\eta \le \iint\limits_{K_3} \frac{3M |\zeta - z_0|^\kappa}{|\zeta - z_0|^3} \, d\xi \, d\eta = \iint\limits_{K_3} \frac{3M}{|\zeta - z_0|^{3-\kappa}} \, d\xi \, d\eta$$

schließen, wobei wir auch hier die Hölder-Stetigkeit von f auf $\overline{K(z_0)}$ verwendet haben. Da der Integrand auf der rechten Seite nicht negativ ist, führt eine Vergrößerung des Integrationsgebietes zu keiner Verkleinerung des Integrals. Wir wollen daher über den Kreisring $K_3 \cup K_2$ integrieren und ermitteln mit Polarkoordinaten um z_0

$$\iint\limits_{K_3} \frac{3M}{|\zeta - z_0|^{3-\kappa}} \, d\xi \, d\eta \le 3M \iint\limits_{K_3 \cup K_2} \frac{1}{|\zeta - z_0|^{3-\kappa}} \, d\xi \, d\eta$$

$$= 3M \int\limits_0^{2\pi} \int\limits_{\frac{|s|}{2}}^{\varrho} \frac{1}{\rho^{3-\kappa}} \, \rho \, d\rho \, d\varphi = 3M \int\limits_0^{2\pi} \int\limits_{\frac{|s|}{2}}^{\varrho} \rho^{\kappa-2} \, d\rho \, d\varphi$$

$$= \frac{6\pi M}{\kappa - 1} \left(\varrho^{\kappa-1} - \left(\frac{|s|}{2}\right)^{\kappa-1}\right) \le \frac{12\pi M}{(1-\kappa) 2^\kappa} |s|^{\kappa-1} .$$

Somit erhalten wir

$$\iint\limits_{K_3} \frac{|f(\zeta) - f(z_0)|}{|\zeta - z_0 - s| \, |\zeta - z_0|^2} \, d\xi \, d\eta \le \frac{12\pi M}{(1-\kappa) 2^\kappa} |s|^{\kappa-1} . \tag{4.39}$$

Fassen wir die Abschätzungen (4.37), (4.38) und (4.39) der drei Teilintegrale zusammen, ergibt sich schließlich

$$\iint\limits_{K(z_0)} \frac{|f(\zeta) - f(z_0)|}{|\zeta - z_0 - s| \, |\zeta - z_0|^2} \, \mathrm{d}\xi \, \mathrm{d}\eta \le M_0 \, |s|^{\kappa - 1}$$

mit der von s unabhängigen Konstanten

$$M_0 = \frac{4\pi M}{\kappa \, 2^\kappa} + \frac{4\pi M}{2^\kappa} + \frac{12\pi M}{(1 - \kappa) \, 2^\kappa} \, .$$

Wir kehren damit zur Gleichung (4.36) zurück und erhalten

$$\left| \frac{g_2(z_0 + s) - g_2(z_0)}{s} - \left(-\frac{1}{\pi} \iint\limits_{K(z_0)} \frac{f(\zeta) - f(z_0)}{(\zeta - z_0)^2} \, \mathrm{d}\xi \, \mathrm{d}\eta \right) \right|$$

$$\le \frac{|s|}{\pi} \iint\limits_{K(z_0)} \frac{|f(\zeta) - f(z_0)|}{|\zeta - z_0 - s| \, |\zeta - z_0|^2} \, \mathrm{d}\xi \, \mathrm{d}\eta \le \frac{M_0}{\pi} \, |s|^\kappa$$

für alle $s \in \mathbb{C}$ mit $0 < |s| < \frac{\varrho}{2}$.
Da die rechte Seite für $|s| \to 0$ verschwindet, folgt

$$\lim_{|s| \to 0} \frac{g_2(z_0 + s) - g_2(z_0)}{s} = -\frac{1}{\pi} \iint\limits_{K(z_0)} \frac{f(\zeta) - f(z_0)}{(\zeta - z_0)^2} \, \mathrm{d}\xi \, \mathrm{d}\eta \, .$$

Somit ist g_2 in z_0 komplex differenzierbar und es gilt insbesondere

$$\frac{\partial}{\partial \bar{z}} g_2(z_0) = \frac{\partial}{\partial \bar{z}} \left(-\frac{1}{\pi} \iint\limits_{K(z_0)} \frac{f(\zeta) - f(z_0)}{\zeta - z_0} \, \mathrm{d}\xi \, \mathrm{d}\eta \right) = 0 \, . \tag{4.40}$$

Wir untersuchen abschließend noch die Funktion

$$g_3(z) = -\frac{1}{\pi} \iint\limits_{G \setminus K(z_0)} \frac{f(\zeta)}{\zeta - z} \, \mathrm{d}\xi \, \mathrm{d}\eta$$

für $z \in K(z_0)$.
Da die Funktion f nach Voraussetzung zur Klasse $C(\overline{G})$ gehört, ist nach dem Fundamentalsatz von Weierstraß über Maxima und Minima auch $f \in L^1(G \setminus \overline{K(z_0)})$ richtig. Der Teil c) des Lemmas 4.2 liefert uns daher sofort die Holomorphie von g_3 in $K(z_0)$ und damit auch

$$\frac{\partial}{\partial \bar{z}} g_3(z_0) = \frac{\partial}{\partial \bar{z}} \left(-\frac{1}{\pi} \iint\limits_{G \setminus K(z_0)} \frac{f(\zeta)}{\zeta - z_0} \, \mathrm{d}\xi \, \mathrm{d}\eta \right) = 0 \, . \tag{4.41}$$

Fassen wir alle Überlegungen zusammen, erkennen wir, dass $T_G[f]$ in z_0 stetig differenzierbar ist. Mit (4.34), (4.40) und (4.41) folgt zudem

$$\frac{\partial}{\partial \overline{z}} T_G[f](z_0) = \frac{\partial}{\partial \overline{z}} g_1(z_0) + \frac{\partial}{\partial \overline{z}} g_2(z_0) + \frac{\partial}{\partial \overline{z}} g_3(z_0) = f(z_0).$$

Da $z_0 \in G$ beliebig gewählt war, ist die Aussage für alle $z \in G$ wahr und der Beweis somit vollständig. □

Bemerkung 4.5. Wir erkennen aus (4.33), dass die Differentiation nach $\overline{z}$ in gewisser Weise als Umkehrung zur Anwendung des Vekuaschen Integraloperators verstanden werden kann. Allerdings wollen wir beachten, dass für eine Funktion f der Klasse $C(\overline{G}) \cap C^1(G)$, deren Ableitung $f_{\overline{z}}$ in G beschränkt und Hölder-stetig ist, die Gleichheit

$$f(z) = T_G[f_{\overline{z}}](z)$$

im Allgemeinen nicht richtig ist. Mit dem Blick auf Satz 2.16 bemerken wir vielmehr

$$f(z) = T_G[f_{\overline{z}}](z) + \Psi(z)$$

für alle $z \in G$, wobei Ψ eine in G holomorphe Funktion ist.

Bemerkung 4.6. Mit der Eigenschaft (4.33) werden wir später den Übergang von der Differentialgleichung des RHV-Randwertproblems zu einer Integralgleichung motivieren. Gleichzeitig wird uns der Satz 4.4 gemeinsam mit der Eigenschaft (4.26) aus dem Satz 4.2 die Regularität einer Lösung dieser Integralgleichung liefern.

4.2 Die Einheitskreisscheibe und der assoziierte Vekuasche Integraloperator

Wir wollen nun von der Betrachtung eines allgemeinen Gebietes abkommen und uns hier mit der offenen Einheitskreisscheibe G befassen. Dies ermöglicht die Einführung eines neuen Operators, den wir aufgrund seiner Herleitung aus dem Vekuaschen Integraloperator als assoziierten Vekuaschen Integraloperator bezeichnen wollen.

Spiegeln wir ein Argument $z \in \mathbb{C} \setminus \{0\}$ am Einheitskreis ∂G mittels

$$z \mapsto \frac{1}{\overline{z}}$$

und werten das Bild einer Funktion f unter dem Vekuaschen Integraloperator T_G anschließend in diesem Punkt aus, ergibt sich

$$T_G[f]\left(\frac{1}{\overline{z}}\right) = -\frac{1}{\pi} \iint\limits_G \frac{f(\zeta)}{\zeta - \frac{1}{\overline{z}}}\, \mathrm{d}\xi\, \mathrm{d}\eta = -\frac{1}{\pi} \iint\limits_G \frac{f(\zeta)}{\frac{1}{\overline{z}}(\overline{z}\zeta - 1)}\, \mathrm{d}\xi\, \mathrm{d}\eta$$

$$= \frac{1}{\pi} \iint\limits_G \frac{\overline{z} f(\zeta)}{1 - \overline{z}\zeta}\, \mathrm{d}\xi\, \mathrm{d}\eta$$

für jedes $z \in \mathbb{C} \setminus \{0\}$.

Wir gehen noch zum komplex Konjugierten über und erklären den Operator $\tilde{T}_G$ durch

$$\tilde{T}_G[f](z) = \overline{T_G[f]\left(\frac{1}{\bar{z}}\right)} = \frac{1}{\pi} \iint\limits_G \frac{z\overline{f(\zeta)}}{1 - z\bar{\zeta}} \, d\xi \, d\eta \qquad (4.42)$$

für $z \in \mathbb{C} \setminus \{0\}$. Diesen können wir ohne Weiteres in den Nullpunkt fortsetzen und gelangen so zu folgender Definition.

Definition 4.2 (Assoziierter Vekuascher Integraloperator). Zu einer auf der offenen Einheitskreisscheibe G definierten Funktion $f \colon G \to \mathbb{C}$ erklären wir durch

$$\tilde{T}_G[f](z) = \frac{1}{\pi} \iint\limits_G \frac{z\overline{f(\zeta)}}{1 - z\bar{\zeta}} \, d\xi \, d\eta$$

den assoziierten Vekuaschen Integraloperator $\tilde{T}_G$.

Wir wollen den assoziierten Vekuaschen Integraloperator nun noch auf einige Eigenschaften untersuchen. Viele dieser Eigenschaften hängen erwartungsgemäß eng mit denen des Vekuaschen Integraloperators zusammen.

Da der Vekuasche Integraloperator T_G nach dem Lemma 4.2 c) außerhalb von $\overline{G}$ holomorph ist und $\tilde{T}_G$ durch Spiegelung am Einheitskreis aus T_G gebildet wurde, ist das folgende Ergebnis nicht überraschend.

Lemma 4.6. *Sei $f \in L^1(G)$. Dann ist*

$$\tilde{T}_G[f](z) = \frac{1}{\pi} \iint\limits_G \frac{z\overline{f(\zeta)}}{1 - z\bar{\zeta}} \, d\xi \, d\eta$$

in der Einheitskreisscheibe G holomorph.

Beweis. Wir nutzen Lemma 4.1, indem wir zeigen, dass die Funktion

$$g(\zeta, z) = \frac{1}{\pi} \frac{z\overline{f(\zeta)}}{1 - z\bar{\zeta}}$$

auf $G \times G$ dessen Voraussetzungen genügt.

Da $|\zeta| < 1$ und $|z| < 1$ für jedes $\zeta \in G$ und alle $z \in G$ gilt, ist insbesondere

$$\left|1 - z\bar{\zeta}\right| \geq 1 - |z| \, |\zeta| > 1 - 1 = 0$$

richtig.

Für jedes $\zeta \in G$ ist g auf $G \times G$ also nicht singulär und wir sehen

$$\frac{\partial}{\partial \bar{z}} g(\zeta, z) = 0$$

für alle $z \in G$, das heißt g ist bezüglich z für jedes $\zeta \in G$ in G holomorph.
Wir wollen nun zeigen, dass g bezüglich ζ für jedes $z \in G$ zur Klasse $L^1(G)$ gehört.

Dafür bemerken wir zunächst $|z| = \varrho_0 < 1$ mit $0 \leq \varrho_0 < 1$ für ein $z \in G$. Für alle $\zeta \in G$ folgt damit

$$\left|1 - z\overline{\zeta}\right| \geq 1 - \left|z\overline{\zeta}\right| \geq 1 - \varrho_0 > 0 \tag{4.43}$$

unter Beachtung von $\left|z\overline{\zeta}\right| = |z|\,|\zeta| \leq |z| = \varrho_0$.

Wir können daher

$$\iint\limits_{G} |g(\zeta, z)|\,\mathrm{d}\xi\,\mathrm{d}\eta = \frac{1}{\pi} \iint\limits_{G} \frac{\left|z\overline{f(\zeta)}\right|}{\left|1 - z\overline{\zeta}\right|}\,\mathrm{d}\xi\,\mathrm{d}\eta \leq \frac{1}{\pi} \iint\limits_{G} \frac{\varrho_0\,|f(\zeta)|}{1 - \varrho_0}\,\mathrm{d}\xi\,\mathrm{d}\eta$$

$$= \frac{1}{\pi}\frac{\varrho_0}{1 - \varrho_0} \iint\limits_{G} |f(\zeta)|\,\mathrm{d}\xi\,\mathrm{d}\eta = \frac{1}{\pi}\frac{\varrho_0}{1 - \varrho_0}\,\|f\|_{L^1(G)} < \infty$$

und somit $g \in L^1(G)$ bezüglich ζ für festes $z \in G$ folgern.

Abschließend zeigen wir noch, dass es zu jeder kompakten Teilmenge $K \subset G$ eine Funktion $\chi \in L^1(G)$ mit $|g(\zeta, z)| \leq \chi(\zeta)$ für alle $z \in K$ und $\zeta \in G$ gibt.

Dazu sei $K \subset G$ also beliebig und kompakt. Insbesondere gibt es zu K dann ein $\varrho \in (0, 1)$ mit $|z| \leq \varrho < 1$ für alle $z \in K$. Ähnlich wie zuvor in (4.43) können wir

$$\left|1 - z\overline{\zeta}\right| \geq 1 - \left|z\overline{\zeta}\right| \geq 1 - \varrho > 0$$

für alle $z \in K$ und $\zeta \in G$ ermitteln.

Daraus ergibt sich mit

$$|g(\zeta, z)| = \frac{1}{\pi}\frac{\left|z\overline{f(\zeta)}\right|}{\left|1 - z\overline{\zeta}\right|} \leq \frac{\varrho}{\pi}\frac{|f(\zeta)|}{1 - \varrho} = \chi(\zeta)$$

für alle $z \in K$ und $\zeta \in G$ die geforderte Funktion χ, wobei $f \in L^1(G)$ die Eigenschaft $\chi \in L^1(G)$ impliziert. Somit sind alle Voraussetzungen des Lemmas 4.1 erfüllt und die Aussage folgt sofort. $\qquad\square$

Da das Produkt holomorpher Funktionen erneut eine holomorphe Funktion ist, erhalten wir aus dem Lemma 4.6 direkt das nachstehende Ergebnis.

Satz 4.5. *Für $k \in \mathbb{N} \cup \{0\}$ und $f \in L^1(G)$ ist die Funktion*

$$\widetilde{T}_G^{(k)}[f](z) = z^k\,\widetilde{T}_G[f](z) = \frac{1}{\pi} \iint\limits_{G} \frac{z^{k+1}\,\overline{f(\zeta)}}{1 - z\overline{\zeta}}\,\mathrm{d}\xi\,\mathrm{d}\eta$$

in der Einheitskreisscheibe G holomorph.

Definition 4.3 (Assoziierter Vekuascher Integraloperator der Ordnung k). Den Operator $\widetilde{T}_G^{(k)}$ aus dem Satz 4.5 bezeichnen wir als assoziierten Vekuaschen Integraloperator der Ordnung k.

Bemerkung 4.7. Es ist $\widetilde{T}_G^{(0)} = \widetilde{T}_G$.

Anhand des nächsten Satzes werden wir sehen, dass der assoziierte Vekuasche Integraloperator $\widetilde{T}_G$ Funktionen der Klasse $L^p(G)$ mit $p > 2$ in Funktionen überführt, die in ganz $\mathbb{C}$ beschränkt und gleichmäßig Hölder-stetig sind. Es ist die gleiche Aussage, die wir mit Satz 4.1 bereits für den Vekuaschen Integraloperator T_G erhielten. Der Beweis unterscheidet sich jedoch.

Satz 4.6. *Seien die offene Einheitskreisscheibe G sowie $p > 2$ vorgelegt. Dann existieren Konstanten $M_1(p) > 0$ und $M_2(p) > 0$, sodass für jedes $f \in L^p(G)$ die Abschätzungen*

$$\left| \widetilde{T}_G[f](z) \right| \leq M_1(p) \, \|f\|_{L^p(G)} \tag{4.44}$$

$$\left| \widetilde{T}_G[f](z_1) - \widetilde{T}_G[f](z_2) \right| \leq M_2(p) \, \|f\|_{L^p(G)} \, |z_1 - z_2|^\kappa \,, \quad \kappa = \frac{p-2}{p}$$

für alle $z, z_1, z_2 \in \mathbb{C}$ gültig sind.

Beweis. Zunächst bemerken wir aufgrund von (4.42)

$$\widetilde{T}_G[f](z) = \overline{T_G[f]\left(\frac{1}{\overline{z}}\right)}$$

für alle $z \in \mathbb{C} \setminus \{0\}$.
Mit der Abschätzung (4.11) aus dem Satz 4.1 ermitteln wir daher direkt

$$\left| \widetilde{T}_G[f](z) \right| = \left| \overline{T_G[f]\left(\frac{1}{\overline{z}}\right)} \right| = \left| T_G[f]\left(\frac{1}{\overline{z}}\right) \right| \leq M_1(p) \, \|f\|_{L^p(G)}$$

für jedes $z \in \mathbb{C} \setminus \{0\}$.
Da wir als Gebiet G ausschließlich die offene Einheitskreisscheibe betrachten wollen, hängt die Konstante $M_1(p)$ aus dem Satz 4.1 hier nicht explizit von der Wahl des Gebietes ab.

Wegen $\widetilde{T}_G[f](0) = 0$ bleibt die Abschätzung (4.44) zusätzlich auch für $z = 0$ gültig.

Um die zweite Abschätzung einzusehen werden wir eine Fallunterscheidung vornehmen. Wir wollen dabei für alle Fälle $z_1 \neq z_2$ annehmen, da die Abschätzung für $z_1 = z_2$ immer gültig ist.

Zunächst seien z_1 und z_2 mit $|z_1| \geq \frac{1}{2}$ und $|z_2| \geq \frac{1}{2}$. Für diese gilt dann insbesondere

$$|z_1 z_2| \geq \frac{1}{4}$$

beziehungsweise

$$\frac{1}{|z_1 z_2|} \leq 4 \,.$$

Wir ermitteln damit unter zusätzlicher Verwendung von (4.12) aus Satz 4.1 und der dort auftretenden Konstanten, die wir hier mit $M_2^{(1)}(p)$ bezeichnen wollen,

$$\left|\widetilde{T}_G[f](z_1) - \widetilde{T}_G[f](z_2)\right| = \left|\overline{T_G[f]\left(\frac{1}{\overline{z_1}}\right)} - \overline{T_G[f]\left(\frac{1}{\overline{z_2}}\right)}\right| = \left|T_G[f]\left(\frac{1}{\overline{z_1}}\right) - T_G[f]\left(\frac{1}{\overline{z_2}}\right)\right|$$

$$\leq M_2^{(1)}(p)\,\|f\|_{L^p(G)}\left|\frac{1}{\overline{z_1}} - \frac{1}{\overline{z_2}}\right|^\kappa = M_2^{(1)}(p)\,\|f\|_{L^p(G)}\left|\frac{1}{z_1} - \frac{1}{z_2}\right|^\kappa$$

$$= M_2^{(1)}(p)\,\|f\|_{L^p(G)}\left|\frac{z_2 - z_1}{z_1 z_2}\right|^\kappa = \frac{M_2^{(1)}(p)}{|z_1 z_2|^\kappa}\,\|f\|_{L^p(G)}\,|z_2 - z_1|^\kappa$$

$$\leq M_2^{(1)}(p)\,4^\kappa\,\|f\|_{L^p(G)}\,|z_1 - z_2|^\kappa$$

mit $\kappa = \frac{p-2}{p}$.

Wir setzen noch $M_2^{(2)}(p) = M_2^{(1)}(p)\,4^\kappa$ und erhalten diese Abschätzung in der Form

$$\left|\widetilde{T}_G[f](z_1) - \widetilde{T}_G[f](z_2)\right| \leq M_2^{(2)}(p)\,\|f\|_{L^p(G)}\,|z_1 - z_2|^\kappa \tag{4.45}$$

für $|z_1| \geq \frac{1}{2}$ und $|z_2| \geq \frac{1}{2}$ mit $\kappa = \frac{p-2}{p}$.

Für z_1 und z_2 mit $|z_1| < \frac{1}{2}$ und $|z_2| < \frac{1}{2}$ müssen wir anders vorgehen. Da $|\zeta| < 1$ für jedes $\zeta \in G$ gilt, ergibt sich in diesem Fall

$$\left|1 - z_j\overline{\zeta}\right| \geq 1 - \left|z_j\overline{\zeta}\right| = 1 - |z_j|\,|\zeta| > 1 - \frac{1}{2} = \frac{1}{2}$$

oder auch

$$\frac{1}{\left|1 - z_j\overline{\zeta}\right|} \leq 2 \tag{4.46}$$

für $j = 1, 2$. Aufgrund von

$$\widetilde{T}_G[f](z_1) - \widetilde{T}_G[f](z_2) = \frac{1}{\pi}\iint\limits_G \frac{z_1\overline{f(\zeta)}}{1 - z_1\overline{\zeta}}\,\mathrm{d}\xi\,\mathrm{d}\eta - \frac{1}{\pi}\iint\limits_G \frac{z_2\overline{f(\zeta)}}{1 - z_2\overline{\zeta}}\,\mathrm{d}\xi\,\mathrm{d}\eta$$

$$= \frac{1}{\pi}\iint\limits_G \frac{(1 - z_2\overline{\zeta})z_1\overline{f(\zeta)} - (1 - z_1\overline{\zeta})z_2\overline{f(\zeta)}}{(1 - z_1\overline{\zeta})(1 - z_2\overline{\zeta})}\,\mathrm{d}\xi\,\mathrm{d}\eta$$

$$= (z_1 - z_2)\frac{1}{\pi}\iint\limits_G \frac{\overline{f(\zeta)}}{(1 - z_1\overline{\zeta})(1 - z_2\overline{\zeta})}\,\mathrm{d}\xi\,\mathrm{d}\eta$$

können wir mit der Hölderschen Ungleichung

$$\left|\widetilde{T}_G[f](z_1) - \widetilde{T}_G[f](z_2)\right| \leq \frac{|z_1 - z_2|}{\pi}\iint\limits_G \frac{\left|\overline{f(\zeta)}\right|}{\left|1 - z_1\overline{\zeta}\right|\left|1 - z_2\overline{\zeta}\right|}\,\mathrm{d}\xi\,\mathrm{d}\eta \tag{4.47}$$

$$\leq \frac{|z_1 - z_2|}{\pi}\,\|f\|_{L^p(G)}\left(\iint\limits_G \frac{1}{\left|1 - z_1\overline{\zeta}\right|^q\left|1 - z_2\overline{\zeta}\right|^q}\,\mathrm{d}\xi\,\mathrm{d}\eta\right)^{\frac{1}{q}}$$

schließen, wobei $p^{-1} + q^{-1} = 1$ gilt und wir $\left|\overline{f(\zeta)}\right| = |f(\zeta)|$ beachten wollen. Wegen $p > 2$ bemerken wir noch $1 < q < 2$.

Unter Verwendung von (4.46) erhalten wir zudem

$$\left(\iint\limits_G \frac{1}{\left|1 - z_1\overline{\zeta}\right|^q \left|1 - z_2\overline{\zeta}\right|^q}\,\mathrm{d}\xi\,\mathrm{d}\eta\right)^{\frac{1}{q}} \leq \left(\iint\limits_G 2^q\,2^q\,\mathrm{d}\xi\,\mathrm{d}\eta\right)^{\frac{1}{q}} = 4\left(\iint\limits_G 1\,\mathrm{d}\xi\,\mathrm{d}\eta\right)^{\frac{1}{q}} = 4\,\pi^{\frac{1}{q}}.$$

Dabei bemerken wir, dass das rechte Integral über G dem Flächeninhalt der Einheitskreisscheibe entspricht. Somit folgt aus (4.47)

$$\begin{aligned}\left|\widetilde{T}_G[f](z_1) - \widetilde{T}_G[f](z_2)\right| &\leq \frac{|z_1 - z_2|}{\pi}\,\|f\|_{L^p(G)}\,4\,\pi^{\frac{1}{q}} \\ &= |z_1 - z_2|\,\|f\|_{L^p(G)}\,4\,\pi^{\frac{1}{q}-1} \\ &= 4\,\pi^{-\frac{1}{p}}\,\|f\|_{L^p(G)}\,|z_1 - z_2|\end{aligned} \qquad (4.48)$$

für $|z_1| < \frac{1}{2}$ und $|z_2| < \frac{1}{2}$.

Am Ende wollen wir noch den Fall untersuchen, dass $|z_1| < \frac{1}{2}$ und $|z_2| \geq \frac{1}{2}$ gilt. Da auch hier (4.46) für z_1 gültig bleibt, können wir aus (4.47)

$$\begin{aligned}\left|\widetilde{T}_G[f](z_1) - \widetilde{T}_G[f](z_2)\right| &\leq \frac{|z_1 - z_2|}{\pi}\,\|f\|_{L^p(G)}\left(\iint\limits_G \frac{1}{\left|1 - z_1\overline{\zeta}\right|^q}\frac{1}{\left|1 - z_2\overline{\zeta}\right|^q}\,\mathrm{d}\xi\,\mathrm{d}\eta\right)^{\frac{1}{q}} \\ &\leq \frac{|z_1 - z_2|}{\pi}\,\|f\|_{L^p(G)}\left(\iint\limits_G \frac{2^q}{\left|1 - z_2\overline{\zeta}\right|^q}\,\mathrm{d}\xi\,\mathrm{d}\eta\right)^{\frac{1}{q}} \\ &= \frac{2\,|z_1 - z_2|}{\pi}\,\|f\|_{L^p(G)}\left(\iint\limits_G \frac{1}{\left|1 - z_2\overline{\zeta}\right|^q}\,\mathrm{d}\xi\,\mathrm{d}\eta\right)^{\frac{1}{q}}\end{aligned} \qquad (4.49)$$

ermitteln.

Wir zeigen, dass das Integral

$$\left(\iint\limits_G \frac{1}{\left|1 - z_2\overline{\zeta}\right|^q}\,\mathrm{d}\xi\,\mathrm{d}\eta\right)^{\frac{1}{q}}$$

für alle $z_2 \in \mathbb{C}$ mit $|z_2| \geq \frac{1}{2}$ durch eine von z_2 unabhängige Konstante beschränkt wird. Zunächst bemerken wir

$$\begin{aligned}\left(\iint\limits_G \frac{1}{\left|1 - z_2\overline{\zeta}\right|^q}\,\mathrm{d}\xi\,\mathrm{d}\eta\right)^{\frac{1}{q}} &= \left(\iint\limits_G \frac{1}{|z_2|^q\left|\frac{1}{z_2} - \overline{\zeta}\right|^q}\,\mathrm{d}\xi\,\mathrm{d}\eta\right)^{\frac{1}{q}} \\ &= \frac{1}{|z_2|}\left(\iint\limits_G \frac{1}{\left|\frac{1}{\overline{z_2}} - \zeta\right|^q}\,\mathrm{d}\xi\,\mathrm{d}\eta\right)^{\frac{1}{q}}\end{aligned}$$

wegen $z_2 \neq 0$ und erhalten daraus

$$\left(\iint\limits_G \frac{1}{\left| 1 - z_2 \overline{\zeta} \right|^q} \, d\xi \, d\eta \right)^{\frac{1}{q}} \leq 2 \left(\iint\limits_G \frac{1}{\left| \zeta - \frac{1}{\overline{z_2}} \right|^q} \, d\xi \, d\eta \right)^{\frac{1}{q}} . \tag{4.50}$$

Mit der Ungleichung von E. Schmidt (Lemma 4.3) folgt für das Integral auf der rechten Seite von (4.50)

$$\iint\limits_G \frac{1}{\left| \zeta - \frac{1}{\overline{z_2}} \right|^q} \, d\xi \, d\eta \leq \frac{2\pi}{2-q} \left(\frac{1}{\pi} \iint\limits_G 1 \, d\xi \, d\eta \right)^{1 - \frac{q}{2}} = \frac{2\pi}{2-q} ,$$

wobei wir $|G| = \pi$ für die Einheitskreisscheibe beachten. Somit ergibt sich

$$\left(\iint\limits_G \frac{1}{\left| 1 - z_2 \overline{\zeta} \right|^q} \, d\xi \, d\eta \right)^{\frac{1}{q}} \leq 2 \left(\frac{2\pi}{2-q} \right)^{\frac{1}{q}} .$$

Wenden wir diese Abschätzung in (4.49) an, erhalten wir

$$\begin{aligned}
\left| \widetilde{T}_G[f](z_1) - \widetilde{T}_G[f](z_2) \right| &\leq \frac{2 \, |z_1 - z_2|}{\pi} \, \|f\|_{L^p(G)} \, 2 \left(\frac{2\pi}{2-q} \right)^{\frac{1}{q}} \\
&= \frac{4}{\pi} \left(\frac{2\pi}{2-q} \right)^{\frac{1}{q}} \|f\|_{L^p(G)} \, |z_1 - z_2|
\end{aligned} \tag{4.51}$$

für $|z_1| < \frac{1}{2}$ und $|z_2| \geq \frac{1}{2}$.

Mit der wegen $q = \frac{p}{p-1}$ nur von p abhängigen Konstanten

$$M_2^{(3)}(p) = \max \left\{ 4 \, \pi^{-\frac{1}{p}}, \, \frac{4}{\pi} \left(\frac{2\pi}{2-q} \right)^{\frac{1}{q}} \right\}$$

können wir die Abschätzungen (4.48) und (4.51) zusammenfassen. Es gilt dann

$$\left| \widetilde{T}_G[f](z_1) - \widetilde{T}_G[f](z_2) \right| \leq M_2^{(3)}(p) \, \|f\|_{L^p(G)} \, |z_1 - z_2| \tag{4.52}$$

für jedes $z_1 \in \mathbb{C}$ mit $|z_1| < \frac{1}{2}$ und alle $z_2 \in \mathbb{C}$.

Zu bemerken bleibt noch, dass die Abschätzung (4.52) auch für alle $z_1 \in \mathbb{C}$ und jedes $z_2 \in \mathbb{C}$ mit $|z_2| < \frac{1}{2}$ gültig bleibt. Dies ist durch ein Vertauschen der Rollen von z_1 und z_2 in der vorangegangenen Argumentation einsichtig.

Schließlich wollen wir die Fälle (4.45) und (4.52) in eine gemeinsame Darstellung überführen, sodass eine Abschätzung entsteht, die gleichmäßig für alle $z_1, z_2 \in \mathbb{C}$ gilt. Dazu nutzen wir zunächst die Abschätzung (4.44) und erhalten für alle $z_1, z_2 \in \mathbb{C}$

$$\begin{aligned}
\left| \widetilde{T}_G[f](z_1) - \widetilde{T}_G[f](z_2) \right| &\leq \left| \widetilde{T}_G[f](z_1) \right| + \left| \widetilde{T}_G[f](z_2) \right| \\
&\leq M_1(p) \, \|f\|_{L^p(G)} + M_1(p) \, \|f\|_{L^p(G)} \\
&= 2 \, M_1(p) \, \|f\|_{L^p(G)} .
\end{aligned} \tag{4.53}$$

Des Weiteren ist natürlich

$$\left|\tilde{T}_G[f](z_1) - \tilde{T}_G[f](z_2)\right| = \left|\tilde{T}_G[f](z_1) - \tilde{T}_G[f](z_2)\right|^{1-\kappa} \left|\tilde{T}_G[f](z_1) - \tilde{T}_G[f](z_2)\right|^{\kappa}$$

für $\kappa = \frac{p-2}{p}$ richtig. Wenden wir nun auf den linken Faktor (4.53) und auf den rechten (4.52) an, ergibt sich daraus

$$\left|\tilde{T}_G[f](z_1) - \tilde{T}_G[f](z_2)\right| \leq \left(2\,M_1(p)\,\|f\|_{L^p(G)}\right)^{1-\kappa} \left(M_2^{(3)}(p)\,\|f\|_{L^p(G)}\,|z_1 - z_2|\right)^{\kappa}$$
$$= (2\,M_1(p))^{1-\kappa} \left(M_2^{(3)}(p)\right)^{\kappa} \|f\|_{L^p(G)}\,|z_1 - z_2|^{\kappa}$$

für jedes $z_1 \in \mathbb{C}$ mit $|z_1| < \frac{1}{2}$ und alle $z_2 \in \mathbb{C}$ sowie für alle $z_1 \in \mathbb{C}$ und jedes $z_2 \in \mathbb{C}$ mit $|z_2| < \frac{1}{2}$.

Unter Beachtung von (4.45) sowie $\kappa = \frac{p-2}{p}$ setzen wir

$$M_2(p) = \max\left\{M_2^{(2)}(p),\, (2\,M_1(p))^{1-\kappa} \left(M_2^{(3)}(p)\right)^{\kappa}\right\}$$

und erhalten schlussendlich

$$\left|\tilde{T}_G[f](z_1) - \tilde{T}_G[f](z_2)\right| \leq M_2(p)\,\|f\|_{L^p(G)}\,|z_1 - z_2|^{\kappa}$$

für alle $z_1, z_2 \in \mathbb{C}$.
Damit ist der Beweis vollständig. □

Bemerkung 4.8. Dieser Beweis folgt in seiner Idee der Fallunterscheidung den groben Ausführungen zum Beweis von [Ve63, Kap. I, § 6, Satz 1.24]. Die dortige Aussage ist allerdings eine etwas andere.

Ebenso wie wir aus dem Satz 4.1 den Satz 4.2 folgern konnten, erhalten wir aus dem Satz 4.6 das nachstehende Ergebnis.

Satz 4.7. *Es sei G die offene Einheitskreisscheibe. Zu jedem $\kappa \in (0,1)$ existieren dann Konstanten $M_1(\kappa) > 0$ und $M_2(\kappa) > 0$, sodass für jedes $f \in C(\overline{G})$ die Abschätzungen*

$$\left|\tilde{T}_G[f](z)\right| \leq M_1(\kappa)\,\|f\|_{C(\overline{G})} \tag{4.54}$$
$$\left|\tilde{T}_G[f](z_1) - \tilde{T}_G[f](z_2)\right| \leq M_2(\kappa)\,\|f\|_{C(\overline{G})}\,|z_1 - z_2|^{\kappa} \tag{4.55}$$

für alle $z, z_1, z_2 \in \mathbb{C}$ gültig sind.

Dieses Ergebnis können wir auch auf einen assoziierten Vekuaschen Integraloperator der Ordnung k übertragen, indem wir die Abschätzungen der Form (4.54) und (4.55) lediglich für alle $z, z_1, z_2 \in \overline{G}$ fordern.

Da für jedes $z \in \overline{G}$ die Bedingung $|z| \leq 1$ wahr ist, ergibt sich aus (4.54) sofort

$$\left|\tilde{T}_G^{(k)}[f](z)\right| = \left|z^k\,\tilde{T}_G[f](z)\right| = |z|^k \left|\tilde{T}_G[f](z)\right| \leq M_1(\kappa)\,\|f\|_{C(\overline{G})}$$

für alle $z \in \overline{G}$.

Betrachten wir zudem für ein $k \in \mathbb{N}$ die in $\mathbb{C}$ holomorphe Funktion $g_k(z) = z^k$, dann ist diese in einem beschränkten konvexen Gebiet, das $\overline{G}$ enthält, stetig differenzierbar. Nach dem Lemma 2.3 ist g_k insbesondere in $\overline{G}$ gleichmäßig Hölder-stetig zum Exponenten κ. Es existiert also eine Konstante $M_0(k) > 0$, sodass

$$\left| z_1^k - z_2^k \right| \le M_0(k) \, |z_1 - z_2|^\kappa$$

für alle $z_1, z_2 \in \overline{G}$ gilt.

Damit berechnen wir unter zusätzlicher Verwendung von (4.54) und (4.55)

$$
\begin{aligned}
\left| \widetilde{T}_G^{(k)}[f](z_1) - \widetilde{T}_G^{(k)}[f](z_2) \right| &= \left| \widetilde{T}_G^{(k)}[f](z_1) - z_1^k \, \widetilde{T}_G[f](z_2) + z_1^k \, \widetilde{T}_G[f](z_2) - \widetilde{T}_G^{(k)}[f](z_2) \right| \\
&\le |z_1|^k \left| \widetilde{T}_G[f](z_1) - \widetilde{T}_G[f](z_2) \right| + \left| \widetilde{T}_G[f](z_2) \right| \left| z_1^k - z_2^k \right| \\
&\le \left(M_2(\kappa) \, \|f\|_{C(\overline{G})} + M_1(\kappa) \, \|f\|_{C(\overline{G})} \, M_0(k) \right) |z_1 - z_2|^\kappa \\
&= \left(M_2(\kappa) + M_1(\kappa) \, M_0(k) \right) \|f\|_{C(\overline{G})} \, |z_1 - z_2|^\kappa
\end{aligned}
$$

für alle $z_1, z_2 \in \overline{G}$.

Wir setzen schließlich noch

$$M_2^{(k)}(\kappa) = M_2(\kappa) + M_1(\kappa) \, M_0(k)$$

und haben somit den folgenden Satz gezeigt.

Satz 4.8. *Es seien G die offene Einheitskreisscheibe und ein $k \in \mathbb{N} \cup \{0\}$ gegeben. Zu jedem $\kappa \in (0,1)$ existieren dann Konstanten $M_1(\kappa) > 0$ und $M_2^{(k)}(\kappa) > 0$, sodass für jedes $f \in C(\overline{G})$ die Abschätzungen*

$$\left| \widetilde{T}_G^{(k)}[f](z) \right| \le M_1(\kappa) \, \|f\|_{C(\overline{G})} \tag{4.56}$$

$$\left| \widetilde{T}_G^{(k)}[f](z_1) - \widetilde{T}_G^{(k)}[f](z_2) \right| \le M_2^{(k)}(\kappa) \, \|f\|_{C(\overline{G})} \, |z_1 - z_2|^\kappa \tag{4.57}$$

für alle $z, z_1, z_2 \in \overline{G}$ richtig sind.

Bemerkung 4.9. Der Satz 4.8 zeigt uns, dass das Bild $\widetilde{T}_G^{(k)}[f]$ jeder stetigen Funktion $f \in C(\overline{G})$ in $\overline{G}$ gleichmäßig Hölder-stetig ist.

Wir wollen unsere unmittelbaren Untersuchungen zum assoziierten Vekuaschen Integraloperator der Ordnung k mit der nachstehenden Aussage beenden. Aufgrund des Satzes 4.8 folgt diese sofort aus dem Satz 2.4.

Satz 4.9 (Vollstetigkeit des Operators $\widetilde{T}_G^{(k)}$). *Es seien G die offene Einheitskreisscheibe und $k \in \mathbb{N} \cup \{0\}$. Dann ist der assoziierte Vekuasche Integraloperator der Ordnung k $\widetilde{T}_G^{(k)} : C(\overline{G}) \to C(\overline{G})$ vollstetig.*

5 Das Riemann-Hilbert-Vekuasche Randwertproblem

Mit den Betrachtungen des Kapitels 4 sind wir nun in der Lage die Lösbarkeit des komplexen Vekuaschen Randwertproblems aus dem Kapitel 3 weiter zu studieren.

In diesem Kapitel wollen wir das komplexe Vekuasche Randwertproblem zunächst zum Riemann-Hilbert-Vekuaschen Randwertproblem verallgemeinern.

Anschließend untersuchen wir den Spezialfall des klassischen Riemann-Hilbertschen Randwertproblems und werden insbesondere eine Lösungsdarstellung für dieses zur Verfügung stellen.

Wir werden dann ein Ergebnis Carlemans aus dem Jahr 1933, [Ca33], über die Nullstellen einer Lösung des homogenen Riemann-Hilbert-Vekuaschen Randwertproblems beweisen. Dieses ermöglicht es uns das sogenannte Ähnlichkeitsprinzip von Bers und Vekua zu zeigen.

Schließlich können wir das Riemann-Hilbert-Vekuasche Randwertproblem damit in eine kanonische Form bringen.

5.1 Die Formulierung des RHV-Randwertproblems

Wir greifen das komplexe Vekuasche Randwertproblem aus dem Kapitel 3 wieder auf und betrachten erneut die Differentialgleichung (3.15), die durch

$$f_{\bar{z}} + \frac{1}{4}\left(a + ib\right) f + \frac{1}{4}\left(a - ib\right) \overline{f} = \frac{1}{2}\, r$$

gegeben ist.

Es ist nun naheliegend diese zu verallgemeinern, indem wir die Koeffizienten $\frac{1}{4}\left(a + ib\right)$ und $\frac{1}{4}\left(a - ib\right)$ durch komplexwertige Funktionen A und B ersetzen. Gleichzeitig wollen wir auch eine komplexwertige rechte Seite R zulassen.

Die Regularität der neuen Funktionen A, B sowie R soll dabei denen der Funktionen a, b und r entsprechen.

Im Gegensatz dazu möge die Randbedingung (3.16) unberührt bleiben.

Zudem wollen wir - wie bereits im Zusammenhang mit dem Äquivalenzsatz (Satz 3.4) angedeutet - alle Randwertprobleme von nun an ausschließlich für einfach zusammenhängende Gebiete betrachten.

Wie auch in [Ve63, Kap. IV, § 7] werden wir uns dabei auf die offene Einheitskreisscheibe zurückziehen. Dies wird uns insbesondere die Möglichkeit eröffnen den assoziierten Vekuaschen Integraloperator zu nutzen.

Dass die Betrachtung der offenen Einheitskreisscheibe nur eine bedingte Einschränkung darstellt, werden wir später einsehen.

Mit diesen Überlegungen gelangen wir zu der folgenden Modifikation der Voraussetzungen 1.

Voraussetzungen 2.

a) $G = \{z \in \mathbb{C} : |z| < 1\}$ ist die offene Einheitskreisscheibe mit dem Rand Γ.

b) Die Funktionen $A, B, R \in C(\overline{G}, \mathbb{C})$ sind in G Hölder-stetig.

c) Die Randfunktionen $\lambda = \alpha + i\beta \in C(\Gamma, \mathbb{C})$ und $\gamma \in C(\Gamma, \mathbb{R})$ sind auf dem Rand Γ Hölder-stetig und es gilt $|\lambda(z)| > 0$ für alle $z \in \Gamma$.

Somit kommen wir zu einer Verallgemeinerung des komplexen Vekuaschen Randwertproblems.

Da wir für $A = B = R \equiv 0$ in G nach [Ve63, Kap. IV, § 1] das Riemann-Hilbertsche Randwertproblem erhalten, wollen wir den Namen für das allgemeinere Problem hier entsprechend wählen.

Riemann-Hilbert-Vekuasches Randwertproblem. Finde unter den Voraussetzungen 2 eine Funktion $f = f(z)$ der Klasse $C(\overline{G}, \mathbb{C}) \cap C^1(G, \mathbb{C})$, welche die Differentialgleichung

$$f_{\overline{z}}(z) + A(z)\, f(z) + B(z)\, \overline{f(z)} = R(z) \tag{5.1}$$

für $z \in G$ löst und die Randbedingung

$$\mathrm{Re}\left\{ \overline{\lambda(z)}\, f(z) \right\} = \gamma(z) \tag{5.2}$$

für jedes $z \in \Gamma$ erfüllt.

Wir bezeichnen dieses Randwertproblem kurz als RHV-Randwertproblem oder auch lediglich als RHV-Problem. Wie beim Poincaréschen Randwertproblem bezeichnen wir die Funktionen A und B als Koeffizienten der Differentialgleichung (5.1).

Die Funktionen R und γ nennen wir rechte Seite der Differentialgleichung (5.1) beziehungsweise der Randbedingung (5.2). Für $R \equiv 0$ in G und $\gamma \equiv 0$ auf Γ erhalten wir das sogenannte homogene RHV-Randwertproblem.

Bemerkung 5.1. Für den Fall, dass $A(z) = \overline{B(z)}$ sowie $\mathrm{Im}\{R(z)\} = 0$ für alle $z \in G$ gilt, wird das RHV-Randwertproblem zu einem komplexen Vekuaschen Randwertproblem.

Bevor wir das allgemeine RHV-Randwertproblem weiter betrachten, wollen wir uns zuvor im nächsten Abschnitt einem wichtigen Spezialfall zuwenden.

5.2 Das klassische Riemann-Hilbertsche Randwertproblem

Verschwinden die Koeffizienten A und B sowie die rechte Seite R der Differentialgleichung (5.1) des RHV-Randwertproblems in G, suchen wir offenbar eine Funktion, die in G holomorph ist. Wie bereits erwähnt, liegt laut [Ve63, Kap. IV, § 1] in diesem Fall das sogenannte Riemann-Hilbertsche Randwertproblem vor.

Hat zudem die Randfunktion λ der Randbedingung (5.2) mit festem $n \in \mathbb{N} \cup \{0\}$ die Gestalt

$$\lambda(z) = z^n$$

für alle $z \in \Gamma$, erhalten wir ein Randwertproblem, welches wir als klassisches Riemann-Hilbertsches Randwertproblem bezeichnen wollen.

Klassisches Riemann-Hilbertsches Randwertproblem. Finde eine in der offenen Einheitskreisscheibe G holomorphe und in $\overline{G}$ stetige Funktion $\Psi \colon \overline{G} \to \mathbb{C}$, die auf dem Rand $\Gamma = \partial G$ zu festem $n \in \mathbb{N} \cup \{0\}$ der Randbedingung

$$\operatorname{Re}\left\{ z^{-n}\, \Psi(z) \right\} = \gamma(z) \tag{5.3}$$

für alle $z \in \Gamma$ genügt, wobei γ auf Γ Hölder-stetig ist.

Definition 5.1. Die nicht negative ganze Zahl $n \in \mathbb{N} \cup \{0\}$ aus (5.3) bezeichnen wir als Index des klassischen Riemann-Hilbertschen Randwertproblems.

Wir wollen nun nicht nur die Lösbarkeit sondern auch die Lösung des klassischen Riemann-Hilbertschen Randwertproblems studieren. Hierfür orientieren wir uns an den Ideen der sehr knappen Darstellung in [Ve56, § 8, Abschnitt 9].
Im Gegensatz dazu wollen wir aber eine umfassendere Aussage über die Lösungsgesamtheit des klassischen Riemann-Hilbertschen Randwertproblems zur Verfügung stellen.

5.2.1 Der Fall für den Index $n = 0$

Wir betrachten zunächst den Fall $n = 0$. Die Randbedingung (5.3) erscheint dann in der Form

$$\operatorname{Re}\left\{ \Psi(z) \right\} = \gamma(z) \tag{5.4}$$

für alle $z \in \Gamma$.
Zu Beginn wollen wir von einer Lösung Ψ des klassischen Riemann-Hilbertschen Randwertproblems ausgehen. Da diese in G holomorph und auf $\overline{G}$ stetig ist, erhalten wir nach der Schwarzschen Integraldarstellung (Satz 2.13) die Identität

$$\Psi(z) = \frac{1}{2\pi\mathrm{i}} \int_{\Gamma} \frac{\zeta + z}{\zeta - z}\, \operatorname{Re}\{\Psi(\zeta)\}\, \frac{\mathrm{d}\zeta}{\zeta} + \mathrm{i}\operatorname{Im}\{\Psi(0)\}$$

für jedes $z \in G$.
Da Ψ gleichzeitig die Randbedingung (5.4) erfüllt, ergibt sich daraus

$$\Psi(z) = \frac{1}{2\pi\mathrm{i}} \int_{\Gamma} \frac{\zeta + z}{\zeta - z}\, \gamma(\zeta)\, \frac{\mathrm{d}\zeta}{\zeta} + \mathrm{i}\operatorname{Im}\{\Psi(0)\}$$

für alle $z \in G$.
Diese Darstellung zeigt also, dass eine Lösung Ψ des klassischen Riemann-Hilbertschen Randwertproblems in G bis auf die rein imaginäre Konstante $\mathrm{i}\operatorname{Im}\{\Psi(0)\}$ eindeutig durch das Schwarzsche Integral der Randwerte γ bestimmt wird.

Im Gegensatz dazu wollen wir eine durch

$$\widetilde{\Psi}(z) = \frac{1}{2\pi i} \int_{\Gamma} \frac{\zeta + z}{\zeta - z} \gamma(\zeta) \frac{d\zeta}{\zeta} + i c_0 \tag{5.5}$$

für $z \in G$ gegebene Funktion $\widetilde{\Psi}$ betrachten, wobei $c_0 \in \mathbb{R}$ beliebig sein soll.
Da γ auf dem Rand Γ Hölder-stetig ist, gilt nach dem Satz 2.14 über die Schwarzsche
Integralformel, dass das in (5.5) auftretende Schwarzsche Integral in G holomorph ist
und stetig auf $\overline{G}$ fortgesetzt werden kann. Demnach ist auch $\widetilde{\Psi}$ in G holomorph und
stetig auf $\overline{G}$ fortsetzbar.
Zusätzlich liefert Satz 2.14 die Erfüllung der Randbedingung (5.4) durch $\widetilde{\Psi}$, da wir
mit diesem

$$\mathrm{Re}\left\{\widetilde{\Psi}(z_0)\right\} = \lim_{\substack{z \to z_0 \\ z \in G}} \mathrm{Re}\left\{\widetilde{\Psi}(z)\right\} = \lim_{\substack{z \to z_0 \\ z \in G}} \mathrm{Re}\left\{\frac{1}{2\pi i} \int_{\Gamma} \frac{\zeta + z}{\zeta - z} \gamma(\zeta) \frac{d\zeta}{\zeta} + i c_0\right\}$$

$$= \lim_{\substack{z \to z_0 \\ z \in G}} \mathrm{Re}\left\{\frac{1}{2\pi i} \int_{\Gamma} \frac{\zeta + z}{\zeta - z} \gamma(\zeta) \frac{d\zeta}{\zeta}\right\} = \gamma(z_0)$$

für jedes $z_0 \in \Gamma$ berechnen können.
Wir erkennen somit, dass die durch (5.5) auf G erklärte Funktion $\widetilde{\Psi}$ stetig auf $\overline{G}$
fortgesetzt werden kann und das klassische Riemann-Hilbertsche Randwertproblem
zum Index $n = 0$ löst.
Zusammenfassend erhalten wir daher das folgende Ergebnis.

Satz 5.1. *Eine auf $\overline{G}$ stetige Funktion $\Psi \colon \overline{G} \to \mathbb{C}$ ist genau dann eine Lösung des
klassischen Riemann-Hilbertschen Randwertproblems zum Index $n = 0$, wenn sie mit
einem beliebigen $c_0 \in \mathbb{R}$ die Darstellung*

$$\Psi(z) = \frac{1}{2\pi i} \int_{\Gamma} \frac{\zeta + z}{\zeta - z} \gamma(\zeta) \frac{d\zeta}{\zeta} + i c_0$$

für $z \in G$ besitzt, welche stetig auf $\overline{G}$ fortsetzbar ist.

5.2.2 Der allgemeine Fall

Wir wollen unser für den Index $n = 0$ erlangtes Wissen nun nutzen um auch das
klassische Riemann-Hilbertsche Randwertproblem für einen Index $n \in \mathbb{N}$ zu lösen.

Da auch hier eine Lösung Ψ in G holomorph sein soll, können wir für eine solche den
Ansatz einer komplexen Potenzreihe

$$\Psi(z) = \sum_{k=0}^{\infty} c_k z^k$$

für $z \in G$ mit komplexen Konstanten $c_k \in \mathbb{C}$ machen. Diese können wir auch in der
Form

$$\Psi(z) = \sum_{k=0}^{n-1} c_k z^k + z^n \sum_{k=n}^{\infty} c_k z^{k-n} = \sum_{k=0}^{n-1} c_k z^k + z^n \sum_{k=0}^{\infty} c_{n+k} z^k$$

beziehungsweise

$$\Psi(z) = \sum_{k=0}^{n-1} c_k z^k + z^n \, \Psi_0(z) \tag{5.6}$$

schreiben, wobei wir

$$\Psi_0(z) = \sum_{k=0}^{\infty} c_{n+k} z^k$$

für $z \in G$ setzen. Wir zerlegen eine Lösung Ψ damit in ein komplexes Polynom vom Grad $n-1$ und ein Produkt aus z^n und Ψ_0.

Wir bemerken, dass Ψ_0 entsprechend unserer Konstruktion ebenfalls eine in G holomorphe Funktion ist, welche wir anstelle von Ψ untersuchen wollen.

Zudem kann Ψ_0 auf $\overline{G}$ stetig fortgesetzt werden. Dies sehen wir ein, indem wir das komplexe Polynom aus (5.6) auf $\overline{G}$ fortsetzen und beachten, dass Ψ als eine Lösung des klassischen Riemann-Hilbertschen Randwertproblems auf $\overline{G}$ stetig ist. Somit erhalten wir aus (5.6) eine stetige Fortsetzung der Funktion Ψ_0 auf $\overline{G}$ durch

$$\Psi_0(z) = \frac{1}{z^n} \left(\Psi(z) - \sum_{k=0}^{n-1} c_k z^k \right) \tag{5.7}$$

für $z \in \Gamma$. Hierbei beachten wir $z^n \neq 0$ für alle $z \in \Gamma$.

Mit dem Ansatz (5.6) wollen wir nun zunächst Ψ_0 bestimmen. Da Ψ_0 in G holomorph ist und auf $\overline{G}$ eine stetige Fortsetzung besitzt, können wir wie im Fall $n = 0$ die Schwarzsche Integraldarstellung (Satz 2.13) nutzen und erhalten

$$\Psi_0(z) = \frac{1}{2\pi i} \int_{\Gamma} \frac{\zeta + z}{\zeta - z} \, \mathrm{Re}\{\Psi_0(\zeta)\} \, \frac{\mathrm{d}\zeta}{\zeta} + i \, \mathrm{Im}\{\Psi_0(0)\} \tag{5.8}$$

für $z \in G$.

Wir wollen das dabei auftretende Schwarzsche Integral noch weiter auswerten. Dazu verwenden wir die Randbedingung (5.3) der Lösung Ψ sowie (5.7) und berechnen

$$\mathrm{Re}\{\Psi_0(z)\} = \mathrm{Re}\left\{ z^{-n} \left(\Psi(z) - \sum_{k=0}^{n-1} c_k z^k \right) \right\} = \mathrm{Re}\left\{ z^{-n}\Psi(z) \right\} - \mathrm{Re}\left\{ \sum_{k=0}^{n-1} c_k z^{k-n} \right\}$$

$$= \gamma(z) - \sum_{k=0}^{n-1} \mathrm{Re}\left\{ c_k z^{k-n} \right\}$$

für jedes $z \in \Gamma$.

Damit erscheint die Darstellung (5.8) für $z \in G$ in der Form

$$\Psi_0(z) = \frac{1}{2\pi i} \int_{\Gamma} \frac{\zeta + z}{\zeta - z} \left(\gamma(\zeta) - \sum_{k=0}^{n-1} \mathrm{Re}\left\{ c_k \zeta^{k-n} \right\} \right) \frac{\mathrm{d}\zeta}{\zeta} + i \, \mathrm{Im}\{\Psi_0(0)\} \tag{5.9}$$

$$= \frac{1}{2\pi i} \int_{\Gamma} \frac{\zeta + z}{\zeta - z} \gamma(\zeta) \, \frac{\mathrm{d}\zeta}{\zeta} + i \, \mathrm{Im}\{\Psi_0(0)\} - \sum_{k=0}^{n-1} \frac{1}{2\pi i} \int_{\Gamma} \frac{\zeta + z}{\zeta - z} \, \mathrm{Re}\left\{ c_k \zeta^{k-n} \right\} \frac{\mathrm{d}\zeta}{\zeta} \, .$$

Diesen Ausdruck wollen wir noch weiter vereinfachen, indem wir die Summe der Integrale über $\mathrm{Re}\left\{c_k\zeta^{k-n}\right\}$ für $k = 0, 1 \ldots, n-1$ mithilfe der Schwarzschen Integraldarstellung ermitteln.

Zu beachten ist hierbei jedoch, dass wir den Satz 2.13 nicht direkt anwenden können, da die Funktionen $c_k z^{k-n}$ für $k = 0, 1 \ldots, n-1$ aufgrund einer Singularität in $z = 0$ dort nicht holomorph sind. Die Voraussetzungen des Satzes 2.13 wären also verletzt. Mithilfe des folgenden Lemmas können wir die Integrale aber dennoch bestimmen.

Lemma 5.1. *Sei Γ der Rand der offenen Einheitskreisscheibe G. Dann gilt mit $c \in \mathbb{C}$ und $k \in \mathbb{N}$*

$$\frac{1}{2\pi\mathrm{i}}\int_{\Gamma}\frac{\zeta+z}{\zeta-z}\,\mathrm{Re}\left\{c\,\zeta^{-k}\right\}\frac{\mathrm{d}\zeta}{\zeta} = \overline{c}\,z^k$$

für alle $z \in G$.

Beweis. Wir bemerken zunächst für alle $\zeta \in \Gamma$ wegen $\overline{\zeta^{-k}} = \zeta^k$

$$\mathrm{Re}\left\{c\,\zeta^{-k}\right\} = \mathrm{Re}\left\{\overline{c\,\zeta^{-k}}\right\} = \mathrm{Re}\left\{\overline{c}\,\zeta^k\right\}$$

und damit

$$\frac{1}{2\pi\mathrm{i}}\int_{\Gamma}\frac{\zeta+z}{\zeta-z}\,\mathrm{Re}\left\{c\,\zeta^{-k}\right\}\frac{\mathrm{d}\zeta}{\zeta} = \frac{1}{2\pi\mathrm{i}}\int_{\Gamma}\frac{\zeta+z}{\zeta-z}\,\mathrm{Re}\left\{\overline{c}\,\zeta^k\right\}\frac{\mathrm{d}\zeta}{\zeta} \tag{5.10}$$

für jedes $z \in G$.

Da die Funktion $g_k(z) = \overline{c}\,z^k$ für jedes $k \in \mathbb{N}$ in ganz $\mathbb{C}$ holomorph ist, sind insbesondere die Voraussetzung von Satz 2.13 für g_k erfüllt. Wegen $g_k(0) = 0$ gilt daher

$$\overline{c}\,z^k = \frac{1}{2\pi\mathrm{i}}\int_{\Gamma}\frac{\zeta+z}{\zeta-z}\,\mathrm{Re}\left\{\overline{c}\,\zeta^k\right\}\frac{\mathrm{d}\zeta}{\zeta} \tag{5.11}$$

für alle $z \in G$.

Die Kombination der Gleichungen (5.10) und (5.11) liefert uns dann die gewünschte Behauptung. $\qquad\square$

Die Anwendung von Lemma 5.1 auf (5.9) führt also zu

$$\Psi_0(z) = \frac{1}{2\pi\mathrm{i}}\int_{\Gamma}\frac{\zeta+z}{\zeta-z}\,\gamma(\zeta)\,\frac{\mathrm{d}\zeta}{\zeta} + \mathrm{i}\,\mathrm{Im}\{\Psi_0(0)\} - \sum_{k=0}^{n-1}\overline{c}_k z^{n-k}$$

für $z \in G$.

Die Funktion Ψ_0 setzt sich in G demnach aus einem Schwarzschen Integral der rechten Seite der Randbedingung (5.3) und einem komplexen Polynom vom Grad n zusammen.

Für die Lösung Ψ des klassischen Riemann-Hilbertschen Randwertproblems erhalten wir daher aufgrund von (5.6) für alle $z \in G$ die Darstellung

$$\Psi(z) = \sum_{k=0}^{n-1}c_k z^k + z^n\left(\frac{1}{2\pi\mathrm{i}}\int_{\Gamma}\frac{\zeta+z}{\zeta-z}\,\gamma(\zeta)\,\frac{\mathrm{d}\zeta}{\zeta} + \mathrm{i}\,\mathrm{Im}\{\Psi_0(0)\} - \sum_{k=0}^{n-1}\overline{c}_k z^{n-k}\right)$$

$$= \sum_{k=0}^{n-1}c_k z^k + \frac{z^n}{2\pi\mathrm{i}}\int_{\Gamma}\frac{\zeta+z}{\zeta-z}\,\gamma(\zeta)\,\frac{\mathrm{d}\zeta}{\zeta} + z^n\mathrm{i}\,\mathrm{Im}\{\Psi_0(0)\} - \sum_{k=0}^{n-1}\overline{c}_k z^{2n-k}.$$

Diese wollen wir noch etwas übersichtlicher gestalten, indem wir alle Summanden bis auf das Schwarzsche Integral als Polynom vom Grad $2n$ erkennen. Dazu bemerken wir zunächst

$$\sum_{k=0}^{n-1} \overline{c}_k z^{2n-k} = \sum_{k=n+1}^{2n} \overline{c}_{2n-k} z^k. \tag{5.12}$$

Setzen wir nun

$$\tilde{c}_k = \begin{cases} c_k & \text{für } k = 0, 1, \ldots, n-1, \\ \mathrm{i}\,\mathrm{Im}\{\Psi_0(0)\} & \text{für } k = n, \\ -\overline{c}_{2n-k} & \text{für } k = n+1, \ldots, 2n, \end{cases}$$

dann folgt mit (5.12)

$$\sum_{k=0}^{n-1} c_k z^k + z^n \mathrm{i}\,\mathrm{Im}\{\Psi_0(0)\} - \sum_{k=0}^{n-1} \overline{c}_k z^{2n-k} = \sum_{k=0}^{2n} \tilde{c}_k z^k.$$

Wir können eine Lösung Ψ des klassischen Riemann-Hilbertschen Randwertproblems zum Index $n \in \mathbb{N}$ somit in der Form

$$\Psi(z) = \frac{z^n}{2\pi\mathrm{i}} \int_\Gamma \frac{\zeta + z}{\zeta - z}\, \gamma(\zeta)\, \frac{\mathrm{d}\zeta}{\zeta} + \sum_{k=0}^{2n} \tilde{c}_k z^k$$

für alle $z \in G$ darstellen.

Ist nun hingegen eine Funktion $\widetilde{\Psi}$ in G durch

$$\widetilde{\Psi}(z) = \frac{z^n}{2\pi\mathrm{i}} \int_\Gamma \frac{\zeta + z}{\zeta - z}\, \gamma(\zeta)\, \frac{\mathrm{d}\zeta}{\zeta} + \sum_{k=0}^{2n} c_k z^k \tag{5.13}$$

für jedes $z \in G$ gegeben, so wollen wir diese als eine Lösung des klassischen Riemann-Hilbertschen Randwertproblems zum Index $n \in \mathbb{N}$ identifizieren, wenn die komplexen Konstanten $c_k \in \mathbb{C}$, $k = 0, 1, \ldots, 2n$, der Bedingung

$$c_{2n-k} = -\overline{c}_k \tag{5.14}$$

für $k = 0, 1, \ldots, n$ unterworfen werden.

Zunächst ist das in (5.13) auftretende komplexe Polynom vom Grad $2n$ natürlich in G holomorph und kann ohne Weiteres stetig auf $\overline{G}$ fortgesetzt werden. Da zudem die Funktion γ nach Voraussetzung auf dem Rand Γ Hölder-stetig sein soll, ist aufgrund von Satz 2.14 auch das auftretende Schwarzsche Integral in G holomorph und stetig auf $\overline{G}$ fortsetzbar. Die Multiplikation des Schwarzschen Integrals mit z^n ändert diese Regularität nicht. Somit ist $\widetilde{\Psi}$ eine in G holomorphe Funktion, die stetig auf $\overline{G}$ fortgesetzt werden kann.

Wenn die Funktion $\widetilde{\Psi}$ nun zusätzlich die Randbedingung (5.3) erfüllt, ist sie auch eine Lösung des klassischen Riemann-Hilbertschen Randwertproblems zum Index $n \in \mathbb{N}$.

Um dies zu verifizieren, berechnen wir mit (5.13)

$$\operatorname{Re}\left\{z_0^{-n}\widetilde{\Psi}(z_0)\right\} = \lim_{\substack{z\to z_0 \\ z\in G}} \operatorname{Re}\left\{z^{-n}\widetilde{\Psi}(z)\right\} = \lim_{\substack{z\to z_0 \\ z\in G}} \operatorname{Re}\left\{\frac{1}{2\pi i}\int_\Gamma \frac{\zeta+z}{\zeta-z}\gamma(\zeta)\frac{d\zeta}{\zeta} + \sum_{k=0}^{2n} c_k z^{k-n}\right\}$$

$$= \lim_{\substack{z\to z_0 \\ z\in G}} \operatorname{Re}\left\{\frac{1}{2\pi i}\int_\Gamma \frac{\zeta+z}{\zeta-z}\gamma(\zeta)\frac{d\zeta}{\zeta}\right\} + \lim_{\substack{z\to z_0 \\ z\in G}} \operatorname{Re}\left\{\sum_{k=0}^{2n} c_k z^{k-n}\right\} \qquad (5.15)$$

für jedes $z_0 \in \Gamma$.

Da γ auf dem Rand Γ Hölder-stetig ist, liefert uns Satz 2.14 sofort

$$\lim_{\substack{z\to z_0 \\ z\in G}} \operatorname{Re}\left\{\frac{1}{2\pi i}\int_\Gamma \frac{\zeta+z}{\zeta-z}\gamma(\zeta)\frac{d\zeta}{\zeta}\right\} = \gamma(z_0)$$

für $z_0 \in \Gamma$.

Wir bemerken außerdem für jedes $z_0 \in \Gamma$ wegen $\overline{z_0^{n-k}} = z_0^{k-n}$ sowie unter Beachtung von (5.14)

$$\sum_{k=n+1}^{2n} \operatorname{Re}\left\{c_k z_0^{k-n}\right\} = \sum_{k=0}^{n-1} \operatorname{Re}\left\{c_{2n-k} z_0^{n-k}\right\} = \sum_{k=0}^{n-1} \operatorname{Re}\left\{\overline{c_{2n-k} z_0^{n-k}}\right\}$$

$$= \sum_{k=0}^{n-1} \operatorname{Re}\left\{-c_k z_0^{k-n}\right\} = -\sum_{k=0}^{n-1} \operatorname{Re}\left\{c_k z_0^{k-n}\right\}$$

und ermitteln so

$$\lim_{\substack{z\to z_0 \\ z\in G}} \operatorname{Re}\left\{\sum_{k=0}^{2n} c_k z^{k-n}\right\} = \sum_{k=0}^{n-1} \operatorname{Re}\left\{c_k z_0^{k-n}\right\} + \operatorname{Re}\left\{c_n\right\} + \sum_{k=n+1}^{2n} \operatorname{Re}\left\{c_k z_0^{k-n}\right\}$$

$$= \sum_{k=0}^{n-1} \operatorname{Re}\left\{c_k z_0^{k-n}\right\} + \operatorname{Re}\left\{c_n\right\} - \sum_{k=0}^{n-1} \operatorname{Re}\left\{c_k z_0^{k-n}\right\} = 0$$

für alle $z_0 \in \Gamma$. Dabei haben wir verwendet, dass die Bedingung (5.14) für $k = n$ zu $\operatorname{Re}\left\{c_n\right\} = 0$ äquivalent ist.

Insgesamt erhalten wir somit aus (5.15) für alle $z_0 \in \Gamma$

$$\operatorname{Re}\left\{z_0^{-n}\widetilde{\Psi}(z_0)\right\} = \gamma(z_0).$$

Es zeigt sich also, dass die durch (5.13) erklärte Funktion $\widetilde{\Psi}$ stetig auf $\overline{G}$ fortsetzbar ist und das klassische Riemann-Hilbertsche Randwertproblem zum Index $n \in \mathbb{N}$ löst.

Schließlich können wir unsere Gedanken aus diesem Abschnitt folgendermaßen zusammenfassen.

Satz 5.2. *Eine auf $\overline{G}$ stetige Funktion $\Psi\colon \overline{G} \to \mathbb{C}$ ist genau dann eine Lösung des klassischen Riemann-Hilbertschen Randwertproblems zum Index $n \in \mathbb{N}$, wenn beliebige komplexe Konstanten $c_k \in \mathbb{C}$, $k = 0, 1, \ldots, 2n$, mit*

$$c_{2n-k} = -\overline{c}_k \qquad (5.16)$$

für $k = 0, 1, \ldots, n$ existieren, sodass Ψ die Darstellung

$$\Psi(z) = \frac{z^n}{2\pi i} \int_\Gamma \frac{\zeta + z}{\zeta - z} \gamma(\zeta) \frac{\mathrm{d}\zeta}{\zeta} + \sum_{k=0}^{2n} c_k z^k$$

für $z \in G$ besitzt, welche stetig auf $\overline{G}$ fortsetzbar ist.

Bemerkung 5.2. Dieser Satz bleibt auch für $n = 0$ gültig und entspricht in diesem Fall dem Satz 5.1.

Anhand des Satzes 5.2 erkennen wir noch das folgende Ergebnis, wenn wir zusätzlich beachten, dass wir $2n + 1$ reelle Konstanten aufgrund von (5.16) frei wählen können.

Satz 5.3. *Für jede Hölder-stetige rechte Seite γ in der Randbedingung (5.3) ist das klassische Riemann-Hilbertsche Randwertproblem zum Index $n \in \mathbb{N} \cup \{0\}$ lösbar. Der zugehörige Lösungsraum besitzt die Dimension $2n + 1$.*

Damit wollen wir unsere Untersuchungen des klassischen Riemann-Hilbertschen Randwertproblems abschließen.
Die hier erhaltenen Erkenntnisse werden uns später bei der Diskussion der Lösbarkeit des allgemeineren RHV-Randwertproblems hilfreich sein.

5.3 Der Satz von Carleman

Wir wollen uns jetzt einer Aussage über die Nullstellen einer Lösung des homogenen RHV-Randwertproblems widmen, welche vermutlich erstmals 1933 in der Arbeit [Ca33] von Carleman gezeigt wurde.
Da die Originalarbeit [Ca33] sparsam in ihren Ausführungen ist, werden wir unterstützend auf die Darstellung von [Be53, Chap. I, § 5] zurückgreifen.

In Vorbereitung des Satzes von Carleman stellen wir nun das folgende Ergebnis zur Verfügung.

Lemma 5.2. *Es seien $\varrho_2 > \varrho_1 > 0$ und die Funktion $f \colon K_{[\varrho_1, \varrho_2]} \to \mathbb{C}$ auf dem abgeschlossenen Kreisring $K_{[\varrho_1, \varrho_2]} = \{z \in \mathbb{C} \ : \ \varrho_1 \leq |z| \leq \varrho_2\}$ stetig. Zudem sei $\{z_j\}_{j=1,2,\ldots}$ eine in $\mathbb{C}$ monoton fallende Nullfolge, das heißt es gelten*

$$\lim_{j \to \infty} z_j = 0$$

sowie

$$\varrho_1 > |z_j| > |z_{j+1}| \tag{5.17}$$

für $j \in \mathbb{N}$.
Dann konvergiert die Folge der stetigen Funktionen

$$f_k(z) = \frac{f(z)}{(z - z_k)(z - z_{k+1}) \cdots (z - z_{k+m})}$$

für festes $m \in \mathbb{N}$ auf $K_{[\varrho_1, \varrho_2]}$ gleichmäßig gegen die stetige Funktion

$$f_0(z) = \frac{f(z)}{z^{m+1}} \ .$$

Beweis. Wir zeigen die gleichmäßige Konvergenz, das heißt, zu jedem $\epsilon > 0$ existiert ein $k_0 \in \mathbb{N}$, sodass

$$\sup_{z \in K_{[\varrho_1,\varrho_2]}} |f_k(z) - f_0(z)| < \epsilon$$

für alle $k \geq k_0$ gilt, direkt.

Dafür bemerken wir zunächst

$$|f_k(z) - f_0(z)| = \left| \frac{f(z)}{(z - z_k)(z - z_{k+1}) \cdots (z - z_{k+m})} - \frac{f(z)}{z^{m+1}} \right| \qquad (5.18)$$

$$= \left| \frac{f(z)}{(z - z_k) \cdots (z - z_{k+m}) z^{m+1}} \right| \left| z^{m+1} - (z - z_k) \cdots (z - z_{k+m}) \right|$$

für jedes $z \in K_{[\varrho_1,\varrho_2]}$.

Da die Funktion f auf dem abgeschlossenen Kreisring $K_{[\varrho_1,\varrho_2]}$ stetig ist, ist sie dort nach dem Fundamentalsatz von Weierstraß über Maxima und Minima insbesondere auch beschränkt. Wir finden also eine Schranke $M > 0$ mit $|f(z)| \leq M$ für alle $z \in K_{[\varrho_1,\varrho_2]}$.

Zudem existiert aufgrund der Eigenschaft (5.17) der Folge $\{z_j\}_{j=1,2,\ldots}$ eine Konstante $\delta_0 > 0$, sodass $|z - z_j| \geq \delta_0$ für alle $z \in K_{[\varrho_1,\varrho_2]}$ und $j \in \mathbb{N}$ richtig ist.

Somit können wir

$$\left| \frac{f(z)}{(z - z_k) \cdots (z - z_{k+m}) z^{m+1}} \right| = \frac{|f(z)|}{|z - z_k| \cdots |z - z_{k+m}| |z|^{m+1}} \leq \frac{M}{(\delta_0 \varrho_1)^{m+1}}$$

für alle $z \in K_{[\varrho_1,\varrho_2]}$ schließen, wenn wir zusätzlich $|z| \geq \varrho_1$ beachten.

Im Gegensatz dazu erkennen wir, dass das Polynom $(z - z_k) \cdots (z - z_{k+m})$ vom Grad $m + 1$ die Gestalt

$$(z - z_k) \cdots (z - z_{k+m}) = z^{m+1} + \sum_{j=0}^{m} \iota_j(k) z^j$$

hat, wobei die komplexen Koeffizienten $\iota_j(k)$, $j = 0, \ldots, m$, aus einer Summe von Produkten der Folgenglieder $z_k, \ldots, z_{k+m}$ bestehen.

Für $j = 0, \ldots, m$ folgt daher insbesondere

$$\lim_{k \to \infty} |\iota_j(k)| = 0 \,.$$

Wir ermitteln damit

$$\left| z^{m+1} - (z - z_k) \cdots (z - z_{k+m}) \right| = \left| \sum_{j=0}^{m} \iota_j(k) z^j \right| \leq \sum_{j=0}^{m} |\iota_j(k)| |z|^j \leq \sum_{j=0}^{m} |\iota_j(k)| \varrho_2^j$$

für alle $z \in K_{[\varrho_1,\varrho_2]}$.

Zusammenfassend schließen wir also aus (5.18)

$$|f_k(z) - f_0(z)| \leq \frac{M}{(\delta_0 \varrho_1)^{m+1}} \sum_{j=0}^{m} |\iota_j(k)| \varrho_2^j$$

für jedes $z \in K_{[\varrho_1,\varrho_2]}$.

Da die rechte Seite für $k \to \infty$ gegen 0 strebt, folgt die gleichmäßige Konvergenz der Funktionenfolge $\{f_k\}_{k=1,2,\ldots}$ gegen f_0. $\qquad \square$

Bemerkung 5.3. Konvergiert eine Folge stetiger Funktionen $\{f_j\}_{j=1,2,\ldots}$ auf einer Menge K gleichmäßig gegen die Funktion f_0, dann konvergiert auch die Folge $\{|f_j|\}_{j=1,2,\ldots}$ gleichmäßig gegen die Funktion $|f_0|$. Dies sehen wir direkt ein, indem wir

$$||f_k(z)| - |f_0(z)|| \leq |f_k(z) - f_0(z)|$$

für alle $z \in K$ beachten.

Mit dieser Erkenntnis sind wir nun ausreichend gerüstet um den Satz von Carleman zu beweisen. Wie bereits eingangs erwähnt, folgen wir dabei den Ausführungen von [Be53, Chap. I, § 5]. Es ist anzumerken, dass wir dabei eine Verallgemeinerung des ursprünglichen Satzes zeigen. Diese kann jedoch mit den gleichen Ideen wie in der Originalarbeit [Ca33] bewiesen werden.

Satz 5.4 (Satz von Carleman). *Es seien $G \subset \mathbb{C}$ ein beschränktes Gebiet und $f \colon G \to \mathbb{C}$ eine in G stetig differenzierbare Funktion. Zudem existiere eine Konstante $M \geq 0$, sodass*

$$|f_{\bar{z}}(z)| \leq M\,|f(z)| \tag{5.19}$$

für alle $z \in G$ gilt.
Dann ist genau eine der folgenden Aussagen wahr:

a) Es ist $f \equiv 0$ in G.

b) Die Nullstellen von f sind isolierte Punkte.

Beweis. Zuerst bemerken wir, dass die Aussagen a) und b) einander ausschließen. Um zu zeigen, dass die Nullstellen von f für $f \not\equiv 0$ isolierte Punkte in G sind, führen wir einen Widerspruchsbeweis.
Hierzu nehmen wir an, eine Nullstelle $z_0 \in G$ sei nicht isoliert, das heißt, z_0 ist ein Häufungspunkt einer Folge von Nullstellen.
Schließen wir aus dieser Annahme $f \equiv 0$ in G, erhalten wir unseren Widerspruch.
Es genügt uns dabei zu zeigen, dass eine positive Konstante $\varrho > 0$ existiert, sodass

$$f(z) = 0 \tag{5.20}$$

für alle $z \in G$ mit $|z - z_0| < \varrho$ gilt. Da f in G stetig differenzierbar und somit insbesondere stetig ist, folgt auch

$$f(\zeta) = 0$$

für jedes $\zeta \in G$ mit $|\zeta - z_0| = \varrho$. Ein solcher Punkt $\zeta \in G$ stellt dann wiederum einen Häufungspunkt einer Folge von Nullstellen dar.
Mit einem Fortsetzungsargument erhalten wir daher $f \equiv 0$ in G.

Es verbleibt die Eigenschaft (5.20) für ein $\varrho > 0$ zu zeigen.
Zunächst wählen wir die Konstante ϱ so klein, dass für die Menge

$$K_\varrho(z_0) = \{\zeta \in \mathbb{C} : |\zeta - z_0| < \varrho\}$$

die Bedingung $\overline{K_\varrho(z_0)} \subset G$ richtig ist und mit der Konstanten $M \geq 0$ aus (5.19) zusätzlich

$$2M\varrho < 1 \tag{5.21}$$

gilt.

Ohne Beschränkung der Allgemeinheit können wir $z_0 = 0$ als Häufungspunkt einer Folge von Nullstellen ansetzen.

Anderenfalls könnten wir nämlich zur Funktion

$$\widetilde{f}(z) = f(z + z_0)$$

für $z \in \widetilde{G}$ übergehen, welche auf dem um z_0 verschobenen Gebiet

$$\widetilde{G} = \{z \in \mathbb{C} : z + z_0 \in G\}$$

erklärt wird.

Da nun $z_0 = 0$ der Häufungspunkt einer Folge von Nullstellen der Funktion f sein soll, gibt es eine Folge $\{z_j\}_{j=1,2,\ldots}$ in G mit

$$\lim_{j \to \infty} z_j = 0 \tag{5.22}$$

sowie

$$\varrho > |z_j| > |z_{j+1}| \tag{5.23}$$

und $f(z_j) = 0$ für $j \in \mathbb{N}$.

Wir nehmen an, es wäre $f \not\equiv 0$ in K_ϱ, wobei wir verkürzend $K_\varrho = K_\varrho(0)$ setzen. Dann existieren ein $s \in K_\varrho$ mit $f(s) \neq 0$ und ein $\delta > 0$, sodass

$$0 < \delta < |s| < |s| + \delta < \varrho \tag{5.24}$$

und aufgrund der Stetigkeit von f

$$\epsilon_0 = \min_{|z-s| \leq \delta} |f(z)| > 0 \tag{5.25}$$

gelten. Bezeichnen wir die offene Kreisscheibe vom Radius δ um den Punkt s mit

$$K_\delta(s) = \{z \in \mathbb{C} : |z - s| < \delta\},$$

folgt wegen (5.25) also $f(z) \neq 0$ für jedes $z \in \overline{K_\delta(s)}$.

Zudem wollen wir die durch die Nullstellenfolge $\{z_j\}_{j=1,2,\ldots}$ induzierten Funktionen

$$F_{k,m}(z) = \frac{f(z)}{(z - z_k)(z - z_{k+1}) \cdots (z - z_{k+m})}$$

zu $k, m \in \mathbb{N}$ betrachten.

Für alle $z \in G \setminus \{z_k, z_{k+1}, \ldots, z_{k+m}\}$ überträgt sich die stetige Differenzierbarkeit der Funktion f auf $F_{k,m}$ und wir erhalten speziell

$$\frac{\partial}{\partial \overline{z}} F_{k,m}(z) = \frac{f_{\overline{z}}(z)}{(z - z_k)(z - z_{k+1}) \cdots (z - z_{k+m})} .$$

Aufgrund der Voraussetzung (5.19) folgt zusätzlich

$$\left| \frac{\partial}{\partial \overline{z}} F_{k,m}(z) \right| = \frac{|f_{\overline{z}}(z)|}{|(z - z_k)(z - z_{k+1}) \cdots (z - z_{k+m})|}$$

$$\leq \frac{M \, |f(z)|}{|(z - z_k)(z - z_{k+1}) \cdots (z - z_{k+m})|} = M \, |F_{k,m}(z)|$$

für jedes $z \in G \setminus \{z_k, z_{k+1}, \ldots, z_{k+m}\}$.

Außerdem ist $F_{k,m}$ in z_j, $j = k, \ldots, k + m$, beschränkt.

Dies sehen wir ein, indem wir eine offene Kreisscheibe K_j um z_j derart wählen, dass $\overline{K_j} \subset G$ sowie

$$\overline{K_j} \cap (\{z_k, z_{k+1}, \ldots, z_{k+m}\} \setminus \{z_j\}) = \varnothing$$

gelten.

Da f in G stetig differenzierbar ist, liefert uns Lemma 2.3 die Hölder-Stetigkeit von f zum Exponenten 1 und eine Konstante $M_j \geq 0$, sodass wegen $f(z_j) = 0$

$$|f(z)| = |f(z) - f(z_j)| \leq M_j \, |z - z_j|$$

und somit

$$|F_{k,m}(z)| = \frac{|f(z)|}{|z - z_k| \cdots |z - z_{k+m}|} \leq \frac{M_j}{|z - z_k| \cdots |z - z_{j-1}| \, |z - z_{j+1}| \cdots |z - z_{k+m}|}$$

für alle $z \in K_j \setminus \{z_j\}$ gilt.

Daraus folgt also

$$\lim_{z \to z_j} |F_{k,m}(z)| \leq \frac{M_j}{|z_j - z_k| \cdots |z_j - z_{j-1}| \, |z_j - z_{j+1}| \cdots |z_j - z_{k+m}|}$$

für $j = k, \ldots, k + m$.

Wir setzen nun $K_0 = K_\varrho \setminus \{z_k, z_{k+1}, \ldots, z_{k+m}\}$ und sehen anhand der eben gezeigten Eigenschaften der Funktion $F_{k,m}$, dass diese und deren Ableitung nach $\overline{z}$ in K_0 beschränkt sind. Die Voraussetzungen (2.9) und (2.10) von Satz 2.16 werden also durch $F_{k,m}$ auf dem Gebiet K_ϱ beziehungsweise K_0 erfüllt. Somit haben wir die Integraldarstellung

$$F_{k,m}(z) = \frac{1}{2\pi \mathrm{i}} \int\limits_{\partial K_\varrho} \frac{F_{k,m}(\zeta)}{\zeta - z} \, \mathrm{d}\zeta - \frac{1}{\pi} \iint\limits_{K_0 \setminus \{z\}} \frac{\partial F_{k,m}(\zeta)}{\partial \overline{\zeta}} \frac{\mathrm{d}\xi \, \mathrm{d}\eta}{\zeta - z}$$

für $z \in K_0$.

Daraus folgt für jedes $z \in K_0$ die Abschätzung

$$|F_{k,m}(z)| = \left| \frac{1}{2\pi \mathrm{i}} \int\limits_{\partial K_\varrho} \frac{F_{k,m}(\zeta)}{\zeta - z} \, \mathrm{d}\zeta - \frac{1}{\pi} \iint\limits_{K_0 \setminus \{z\}} \frac{\partial F_{k,m}(\zeta)}{\partial \overline{\zeta}} \frac{\mathrm{d}\xi \, \mathrm{d}\eta}{\zeta - z} \right|$$

$$\leq \frac{1}{2\pi} \int\limits_{\partial K_\varrho} \frac{|F_{k,m}(\zeta)|}{|\zeta - z|} \, |\mathrm{d}\zeta| + \frac{1}{\pi} \iint\limits_{K_0 \setminus \{z\}} \left| \frac{\partial F_{k,m}(\zeta)}{\partial \overline{\zeta}} \right| \frac{\mathrm{d}\xi \, \mathrm{d}\eta}{|\zeta - z|}$$

$$\leq \frac{1}{2\pi} \int\limits_{\partial K_\varrho} \frac{|F_{k,m}(\zeta)|}{|\zeta - z|} \, |\mathrm{d}\zeta| + \frac{1}{\pi} \iint\limits_{K_0 \setminus \{z\}} M \, |F_{k,m}(\zeta)| \frac{\mathrm{d}\xi \, \mathrm{d}\eta}{|\zeta - z|} \, .$$

Vergrößern wir das Integrationsgebiet auf der rechten Seite, so verkleinert sich der
Wert des Gebietsintegrals nicht und wir erhalten

$$|F_{k,m}(z)| \le \frac{1}{2\pi} \int\limits_{\partial K_\varrho} \frac{|F_{k,m}(\zeta)|}{|\zeta - z|} \,|\mathrm{d}\zeta| + \frac{M}{\pi} \iint\limits_{K_0} |F_{k,m}(\zeta)| \, \frac{\mathrm{d}\xi\,\mathrm{d}\eta}{|\zeta - z|} \qquad (5.26)$$

für $z \in K_0$.

Diesen Ausdruck wollen wir nun nach $\mathrm{d}x\,\mathrm{d}y$ über K_0 integrieren. Dafür beachten wir
zunächst unter Verwendung der Ungleichung von E. Schmidt (Lemma 4.3)

$$\iint\limits_{K_0} \left(\frac{1}{2\pi} \int\limits_{\partial K_\varrho} \frac{|F_{k,m}(\zeta)|}{|\zeta - z|} \,|\mathrm{d}\zeta| \right) \mathrm{d}x\,\mathrm{d}y = \frac{1}{2\pi} \int\limits_{\partial K_\varrho} |F_{k,m}(\zeta)| \left(\iint\limits_{K_0} \frac{1}{|\zeta - z|} \,\mathrm{d}x\,\mathrm{d}y \right) |\mathrm{d}\zeta|$$

$$\le \frac{1}{2\pi} \int\limits_{\partial K_\varrho} |F_{k,m}(\zeta)| \left(\iint\limits_{K_\varrho} \frac{1}{|z - \zeta|} \,\mathrm{d}x\,\mathrm{d}y \right) |\mathrm{d}\zeta|$$

$$\le \varrho \int\limits_{\partial K_\varrho} |F_{k,m}(\zeta)| \,|\mathrm{d}\zeta|$$

sowie

$$\iint\limits_{K_0} \left(\frac{M}{\pi} \iint\limits_{K_0} |F_{k,m}(\zeta)| \, \frac{\mathrm{d}\xi\,\mathrm{d}\eta}{|\zeta - z|} \right) \mathrm{d}x\,\mathrm{d}y = \frac{M}{\pi} \iint\limits_{K_0} |F_{k,m}(\zeta)| \left(\iint\limits_{K_0} \frac{\mathrm{d}x\,\mathrm{d}y}{|\zeta - z|} \right) \mathrm{d}\xi\,\mathrm{d}\eta$$

$$\le \frac{M}{\pi} \iint\limits_{K_0} |F_{k,m}(\zeta)| \left(\iint\limits_{K_\varrho} \frac{\mathrm{d}x\,\mathrm{d}y}{|z - \zeta|} \right) \mathrm{d}\xi\,\mathrm{d}\eta$$

$$\le 2M\varrho \iint\limits_{K_0} |F_{k,m}(\zeta)| \,\mathrm{d}\xi\,\mathrm{d}\eta \;.$$

Aus (5.26) folgt somit

$$\iint\limits_{K_0} |F_{k,m}(z)| \,\mathrm{d}x\,\mathrm{d}y \le \varrho \int\limits_{\partial K_\varrho} |F_{k,m}(\zeta)| \,|\mathrm{d}\zeta| + 2M\varrho \iint\limits_{K_0} |F_{k,m}(\zeta)| \,\mathrm{d}\xi\,\mathrm{d}\eta$$

beziehungsweise

$$(1 - 2M\varrho) \iint\limits_{K_0} |F_{k,m}(z)| \,\mathrm{d}x\,\mathrm{d}y \le \varrho \int\limits_{\partial K_\varrho} |F_{k,m}(\zeta)| \,|\mathrm{d}\zeta| \;.$$

Da wir in (5.21) die Bedingung $2M\varrho < 1$ gefordert haben, bleibt auch

$$\iint\limits_{K_0} |F_{k,m}(z)| \,\mathrm{d}x\,\mathrm{d}y \le \frac{\varrho}{1 - 2M\varrho} \int\limits_{\partial K_\varrho} |F_{k,m}(\zeta)| \,|\mathrm{d}\zeta| \qquad (5.27)$$

richtig.

Aufgrund von $\overline{K_\delta(s)} \subset K_0$ gilt zudem

$$\iint\limits_{K_\delta(s)} |F_{k,m}(z)| \, dx \, dy \leq \iint\limits_{K_0} |F_{k,m}(z)| \, dx \, dy$$

und es ergibt sich aus (5.27) insbesondere

$$\iint\limits_{K_\delta(s)} |F_{k,m}(z)| \, dx \, dy \leq \frac{\varrho}{1 - 2M\varrho} \int\limits_{\partial K_\varrho} |F_{k,m}(\zeta)| \, |d\zeta| \, . \tag{5.28}$$

In dieser Ungleichung wollen wir nun den Grenzwertübergang $k \to \infty$ bei festem m betrachten. Mithilfe von Lemma 5.2 sehen wir die gleichmäßige Konvergenz

$$\lim_{k \to \infty} |F_{k,m}(z)| = \frac{|f(z)|}{|z|^{m+1}}$$

für alle $z \in G$ mit $\varrho \geq |z| \geq |s| - \delta > 0$ bei festem m ein. Dazu wählen wir ein $k_0 \in \mathbb{N}$ derart, dass

$$|s| - \delta > |z_k|$$

für alle $k \geq k_0$ gilt. Dies ist wegen (5.22) und (5.23) ohne Weiteres möglich. Lassen wir die Funktionenfolge $\{F_{k,m}\}_{k=1,2,\ldots}$ bei k_0 beginnen, so sind die Voraussetzungen des Lemmas 5.2 erfüllt. Daher folgt

$$\lim_{k \to \infty} \frac{\varrho}{1 - 2M\varrho} \int\limits_{\partial K_\varrho} |F_{k,m}(\zeta)| \, |d\zeta| = \frac{\varrho}{1 - 2M\varrho} \int\limits_{\partial K_\varrho} \frac{|f(\zeta)|}{|\zeta|^{m+1}} \, |d\zeta| \tag{5.29}$$

$$= \frac{\varrho}{1 - 2M\varrho} \frac{1}{\varrho^{m+1}} \int\limits_{\partial K_\varrho} |f(\zeta)| \, |d\zeta| = \frac{M_0}{\varrho^{m+1}} \, ,$$

wobei wir

$$M_0 = \frac{\varrho}{1 - 2M\varrho} \int\limits_{\partial K_\varrho} |f(z)| \, |d\zeta|$$

setzen. Wir beachten, dass M_0 unabhängig von m ist. Ebenso gilt dann auch

$$\lim_{k \to \infty} \iint\limits_{K_\delta(s)} |F_{k,m}(z)| \, dx \, dy = \iint\limits_{K_\delta(s)} \frac{|f(z)|}{|z|^{m+1}} \, dx \, dy \tag{5.30}$$

und unter Verwendung von (5.25) sowie $|z| \leq |s| + \delta$ für alle $z \in K_\delta(s)$ ergibt sich

$$\iint\limits_{K_\delta(s)} \frac{|f(z)|}{|z|^{m+1}} \, dx \, dy \geq \iint\limits_{K_\delta(s)} \frac{\epsilon_0}{(|s| + \delta)^{m+1}} \, dx \, dy = \frac{\epsilon_0 \, \pi \, \delta^2}{(|s| + \delta)^{m+1}} \, . \tag{5.31}$$

Unter Beachtung von (5.29), (5.30) und (5.31) folgt aus (5.28) daher für $k \to \infty$

$$\frac{\epsilon_0 \, \pi \, \delta^2}{(|s| + \delta)^{m+1}} \leq \frac{M_0}{\varrho^{m+1}}$$

beziehungsweise

$$\epsilon_0 \leq \frac{M_0}{\pi \, \delta^2} \frac{(|s| + \delta)^{m+1}}{\varrho^{m+1}} = \frac{M_0}{\pi \, \delta^2} \left(\frac{(|s| + \delta)}{\varrho} \right)^{m+1} . \tag{5.32}$$

Aufgrund von (5.24) ist dabei

$$0 < \frac{(|s| + \delta)}{\varrho} < 1$$

und wir erhalten einen Widerspruch, da nach (5.25) das Minimum $\epsilon_0 > 0$ sein soll, die rechte Seite von (5.32) jedoch für $m \to \infty$ gegen 0 strebt.

Die Annahme eines $s \in K_\varrho$ mit $f(s) \neq 0$ ist somit falsch. Es muss also $f \equiv 0$ in K_ϱ sein und mit dem zu Beginn des Beweises erläuterten Fortsetzungsargument folgt $f \equiv 0$ in ganz G.

Dies wiederum steht aber im Widerspruch zur anfänglichen Annahme, dass es für eine Funktion $f \not\equiv 0$ einen Häufungspunkt einer Folge von Nullstellen gibt.

Unser Beweis ist damit vollständig. $\qquad\qquad\qquad\qquad\qquad\qquad\qquad\qquad\quad$ $\square$

Ergänzend zum Satz von Carleman wollen wir noch eine direkte Folgerung aus diesem angeben.

Lemma 5.3. *Zusätzlich zu den Voraussetzungen des Satzes 5.4 sei $f \not\equiv 0$ in G. Dann liegen in jeder abgeschlossenen Teilmenge $K \subset G$ maximal endlich viele Nullstellen von f.*

Beweis. Sei K eine beliebige abgeschlossene Teilmenge von G. Da G beschränkt ist, trifft dies auch auf die Menge K zu. Die Menge K ist also kompakt.

Wir nehmen nun an, dass in K unendlich viele Nullstellen von f liegen. Dann können wir eine Folge $\{z_k\}_{k=1,2,\dots}$ mit $z_k \in K$ und

$$f(z_k) = 0$$

für $k = 1, 2, \dots$ bilden.

Gleichzeitig ist die Folge $\{z_k\}_{k=1,2,\dots}$ beschränkt, da auch die Menge K beschränkt ist. Nach dem Weierstraßschen Häufungsstellensatz besitzt die Folge $\{z_k\}_{k=1,2,\dots}$ somit eine konvergente Teilfolge $\{z_{k_j}\}_{j=1,2,\dots}$ mit

$$\lim_{j \to \infty} z_{k_j} = z_0 \in K \,,$$

da K abgeschlossen ist.

Da f in G stetig differenzierbar ist, ist f insbesondere auf K stetig und es folgt

$$f(z_0) = f\left(\lim_{j \to \infty} z_{k_j} \right) = \lim_{j \to \infty} f(z_{k_j}) = \lim_{j \to \infty} 0 = 0 \,.$$

Der Punkt $z_0 \in K \subset G$ stellt somit keine isolierte Nullstelle von f dar. Dies steht jedoch im Widerspruch zum Satz von Carleman, da alle Nullstellen von f wegen $f \not\equiv 0$ in G isolierte Punkte sein müssen.

Es kann in K also nur maximal endlich viele Nullstellen geben. □

Bemerkung 5.4. Aus dem Lemma 5.3 ergibt sich nicht, dass die Funktion f für den Fall $f \not\equiv 0$ in G nur endlich viele Nullstellen besitzt. Allerdings folgt die Abzählbarkeit der Nullstellen, indem wir G mit einer Folge kompakter Mengen ausschöpfen.

Wir begründen noch die Anwendbarkeit des Satzes von Carleman auf das homogene RHV-Randwertproblem.

Dafür betrachten wir zu einem Gebiet G die Voraussetzung 2 b). Aus dieser folgt mit dem Fundamentalsatz von Weierstraß über Maxima und Minima die Beschränktheit der Koeffizienten A und B, das heißt, es gibt insbesondere eine Konstante $M \geq 0$ mit

$$|A(z)| + |B(z)| \leq M \tag{5.33}$$

für alle $z \in G$.

Erfüllt eine Funktion f nun die Differentialgleichung

$$f_{\overline{z}} + A f + B \overline{f} = 0 \tag{5.34}$$

in G, ergibt sich

$$\begin{aligned}|f_{\overline{z}}(z)| = \left|-A(z)\,f(z) - B(z)\,\overline{f(z)}\right| &\leq |A(z)|\,|f(z)| + |B(z)|\left|\overline{f(z)}\right| \\ &= (|A(z)| + |B(z)|)\,|f(z)| \\ &\leq M\,|f(z)|\end{aligned} \tag{5.35}$$

für alle $z \in G$.

Somit sind die Voraussetzungen des Satzes von Carleman für eine Funktion, die der Differentialgleichung (5.34) unter der Voraussetzung 2 b) genügt, stets erfüllt.

Dementsprechend erhalten wir aus dem Satz von Carleman (Satz 5.4) direkt die folgende Aussage.

Satz 5.5. *Sei f im beschränkten Gebiet G unter den Voraussetzungen 2 b) und c) eine Lösung des homogenen RHV-Randwertproblems. Dann gilt $f \equiv 0$ in $\overline{G}$ oder die Nullstellen von f sind in G isoliert.*

Bemerkung 5.5. Wir formulieren das RHV-Randwertproblem hier derart, dass wir anstelle der offenen Einheitskreisscheibe (Voraussetzung 2 a)) allgemeiner auch beschränkte Gebiete im Sinne von Kapitel 2 zulassen.

5.4 Das Ähnlichkeitsprinzip von Bers und Vekua

Wir werden uns nun eine implizite Darstellung für eine Lösung $f \not\equiv 0$ des homogenen RHV-Randwertproblems mithilfe des Ähnlichkeitsprinzips von Bers und Vekua erarbeiten. Vorbereitend dazu zeigen wir das folgende Ergebnis.

Lemma 5.4. *Es seien G ein beschränktes Gebiet und $f \not\equiv 0$ unter der Voraussetzung 2 b) eine Lösung der Differentialgleichung*

$$f_{\bar{z}} + A\,f + B\,\overline{f} = 0$$

in G.
Dann ist die durch

$$A_0(z) = A(z) + B(z)\,\frac{\overline{f(z)}}{f(z)}$$

erklärte Funktion außerhalb der Nullstellen von f stetig und gehört für jedes $p \in [1, \infty)$ zur Klasse $L^p(G)$.

Beweis. Die Stetigkeit von A_0 außerhalb der Nullstellen von f folgt direkt, da die Summe, das Produkt und wegen $f(z) \neq 0$ der Quotient stetiger Funktionen erneut stetig sind.
Zudem gilt unter Verwendung von (5.33) für alle $z \in G$ mit $f(z) \neq 0$

$$|A_0(z)| \leq |A(z)| + |B(z)|\,\frac{\left|\overline{f(z)}\right|}{|f(z)|} \leq |A(z)| + |B(z)| \leq M\,, \qquad (5.36)$$

wobei $M \geq 0$ eine obere Schranke für $|A| + |B|$ ist.
Da $f \not\equiv 0$ ist, sind wegen (5.35) nach dem Satz von Carleman (Satz 5.4) alle Nullstellen von f isolierte Punkte in G. Insbesondere finden wir zu jeder Nullstelle $z_0 \in G$ von f eine offene Umgebung G_0 mit $\overline{G}_0 \subset G$ und

$$f(z) \neq 0$$

für alle $z \in \overline{G}_0 \setminus \{z_0\}$.
Wir berechnen dann mit (5.36)

$$\iint\limits_{\overline{G}_0} |A_0(\zeta)|^p \,\mathrm{d}\xi\,\mathrm{d}\eta \leq \iint\limits_{\overline{G}_0} M^p \,\mathrm{d}\xi\,\mathrm{d}\eta = M^p \left|\overline{G}_0\right| \qquad (5.37)$$

für $p \in [1, \infty)$, wobei wir implizit verwendet haben, dass der Punkt z_0 in $\overline{G}_0$ eine Nullmenge darstellt und somit keinen Beitrag zum Wert des Integrals liefert.
Da f stetig ist und die Nullstellen von f in G isolierte Punkte sind, ist es möglich jeder Nullstelle z_0 eine offene Umgebung G_0 derart zuzuordnen, dass ihr Abschluss disjunkt zum Abschluss der Umgebung jeder anderen Nullstelle ist.
Wir konstruieren nun die Menge $K_0 \subset G$, indem wir zu jeder Nullstelle von f eine offene Umgebung mit der eben beschriebenen Eigenschaft wählen und alle diese Mengen zu K_0 vereinigen.
Unter Beachtung von (5.37) und $|K_0| \leq |G|$ erhalten wir dann sofort

$$\iint\limits_{K_0} |A_0(\zeta)|^p \,\mathrm{d}\xi\,\mathrm{d}\eta \leq M^p\,|K_0| \leq M^p\,|G|$$

für jedes $p \in [1, \infty)$.

Außerhalb von K_0 können wir hingegen mit (5.36)

$$\iint\limits_{G\setminus K_0} |A_0(\zeta)|^p \, \mathrm{d}\xi \, \mathrm{d}\eta \le \iint\limits_{G\setminus K_0} |M|^p \, \mathrm{d}\xi \, \mathrm{d}\eta \le \iint\limits_{G} |M|^p \, \mathrm{d}\xi \, \mathrm{d}\eta = M^p \, |G|$$

schließen.

Zusammen erhalten wir daraus

$$\iint\limits_{G} |A_0(\zeta)|^p \, \mathrm{d}\xi \, \mathrm{d}\eta = \iint\limits_{G\setminus K_0} |A_0(\zeta)|^p \, \mathrm{d}\xi \, \mathrm{d}\eta + \iint\limits_{K_0} |A_0(\zeta)|^p \, \mathrm{d}\xi \, \mathrm{d}\eta \le 2 \, M^p \, |G|$$

beziehungsweise

$$\|A_0\|_{L^p(G)} = \left(\iint\limits_{G} |A_0(\zeta)|^p \, \mathrm{d}\xi \, \mathrm{d}\eta \right)^{\frac{1}{p}} \le 2^{\frac{1}{p}} M \, |G|^{\frac{1}{p}} < \infty$$

für jedes $p \in [1, \infty)$. $\qquad\qquad\qquad\qquad\qquad\qquad\qquad\qquad\qquad\qquad\qquad\qquad$ $\square$

Bevor wir zum Ähnlichkeitsprinzip von Bers und Vekua gelangen, beachten wir außerdem das nachstehende Lemma.

Lemma 5.5. *Es seien G ein beschränktes Gebiet und $f \not\equiv 0$ unter der Voraussetzung 2 b) eine Lösung der Differentialgleichung*

$$f_{\bar z} + A \, f + B \, \overline{f} = 0 \tag{5.38}$$

in G.
Dann ist die durch

$$\sigma(z) = T_G \left[A + B \, \frac{\overline{f}}{f} \right](z) = -\frac{1}{\pi} \iint\limits_{G} \frac{A(\zeta) + B(\zeta) \, \overline{\frac{f(\zeta)}{f(\zeta)}}}{\zeta - z} \, \mathrm{d}\xi \, \mathrm{d}\eta$$

definierte Funktion in $\mathbb{C}$ Hölder-stetig.
Zusätzlich ist die Funktion σ in jedem Punkt $z \in G$ mit $f(z) \ne 0$ stetig differenzierbar und es gilt insbesondere

$$\sigma_{\bar z}(z) = A(z) + B(z) \, \overline{\frac{f(z)}{f(z)}}$$

für alle $z \in G$ mit $f(z) \ne 0$.

Beweis. Da die Funktion

$$A_0(z) = A(z) + B(z) \, \overline{\frac{f(z)}{f(z)}}$$

nach Lemma 5.4 für jedes $p \in [1, \infty)$ zur Klasse $L^p(G)$ gehört, ist die Funktion σ nach (4.12) aus dem Satz 4.1 in ganz $\mathbb{C}$ Hölder-stetig.

Wir untersuchen nun die stetige Differenzierbarkeit von σ außerhalb der Nullstellen von f. Dazu sei $G_0 \subset G$ die offene Menge, die sich ergibt, wenn wir die nach Satz 5.4 isolierten Nullstellen der Funktion f aus G entfernen.

Zu einem beliebigen $z_0 \in G_0$ wählen wir nun ein $\delta > 0$, sodass die offene Kreisscheibe

$$K_\delta(z_0) = \{z \in \mathbb{C} : |z - z_0| < \delta\}$$

kompakt in G_0 enthalten ist, das heißt, es gilt $\overline{K_\delta(z_0)} \subset G_0$.

Wegen $f(z) \neq 0$ für alle $z \in \overline{K_\delta(z_0)}$ gibt es nach dem Fundamentalsatz von Weierstraß über Maxima und Minima ein $\epsilon > 0$ mit

$$\min_{z \in \overline{K_\delta(z_0)}} |f(z)| = \epsilon > 0 \ . \tag{5.39}$$

Wir erinnern uns daran, dass die Funktionen A und B in G Hölder-stetig sind.

Da f als eine Lösung der Differentialgleichung (5.38) in $\overline{K_\delta(z_0)} \subset G$ stetig differenzierbar und daher nach Lemma 2.3 in $\overline{K_\delta(z_0)}$ auch Hölder-stetig ist, folgt unter zusätzlicher Verwendung von (5.39) aus dem Lemma 2.1 die Hölder-Stetigkeit von

$$A_0(z) = A(z) + B(z) \frac{\overline{f(z)}}{f(z)}$$

in $\overline{K_\delta(z_0)}$.

Mit den Funktionen

$$\sigma_1(z) = T_{K_\delta(z_0)} \left[A + B \frac{\overline{f}}{f} \right](z) = -\frac{1}{\pi} \iint\limits_{K_\delta(z_0)} \frac{A(\zeta) + B(\zeta) \frac{\overline{f(\zeta)}}{f(\zeta)}}{\zeta - z} \, d\xi \, d\eta$$

und

$$\sigma_2(z) = T_{G \setminus \overline{K_\delta(z_0)}} \left[A + B \frac{\overline{f}}{f} \right](z) = -\frac{1}{\pi} \iint\limits_{G \setminus \overline{K_\delta(z_0)}} \frac{A(\zeta) + B(\zeta) \frac{\overline{f(\zeta)}}{f(\zeta)}}{\zeta - z} \, d\xi \, d\eta$$

erkennen wir unter Beachtung der Bemerkung 4.1 für alle $z \in G$

$$\sigma(z) = \sigma_1(z) + \sigma_2(z) \ .$$

Verwenden wir Lemma 4.2 c), ergibt sich direkt die Holomorphie von σ_2 in $K_\delta(z_0)$. Für jedes $z \in K_\delta(z_0)$ folgt also

$$\frac{\partial}{\partial \overline{z}} \sigma_2(z) = 0 \ .$$

Da die Funktion A_0 in $K_\delta(z_0)$ Hölder-stetig ist, sehen wir zudem mit Satz 4.4 die stetige Differenzierbarkeit von σ_1 in $K_\delta(z_0)$ sowie

$$\frac{\partial}{\partial \overline{z}} \sigma_1(z) = A(z) + B(z) \frac{\overline{f(z)}}{f(z)}$$

für alle $z \in K_\delta(z_0)$ ein.

Insgesamt ist die Funktion σ also in z_0 stetig differenzierbar und es gilt

$$\sigma_{\bar{z}}(z_0) = \frac{\partial}{\partial \bar{z}}\,\sigma_1(z_0) + \frac{\partial}{\partial \bar{z}}\,\sigma_2(z_0) = A(z_0) + B(z_0)\,\frac{\overline{f(z_0)}}{f(z_0)}\,.$$

Somit ist der Beweis vollständig. $\qquad\qquad\square$

Mit diesen Vorbetrachtungen, bei denen der Satz von Carleman eine entscheidende Rolle spielte, sind wir nun in der Lage das Ähnlichkeitsprinzip von Bers und Vekua zu beweisen. Dafür orientieren wir uns an [Be53, Chap. I, § 6, Theorem 6.1].

Satz 5.6 (Ähnlichkeitsprinzip von Bers und Vekua). *In dem beschränkten Gebiet $G \subset \mathbb{C}$ seien $f \not\equiv 0$ unter der Voraussetzung 2 b) als eine Lösung der Differentialgleichung*

$$f_{\bar{z}} + A\,f + B\,\overline{f} = 0 \tag{5.40}$$

und die Funktion σ mit

$$\sigma(z) = T_G\left[A + B\,\frac{\overline{f}}{f}\right](z) = -\frac{1}{\pi}\iint\limits_{G} \frac{A(\zeta) + B(\zeta)\,\frac{\overline{f(\zeta)}}{f(\zeta)}}{\zeta - z}\,\mathrm{d}\xi\,\mathrm{d}\eta$$

für $z \in G$ gegeben.
Dann ist die durch

$$\Psi(z) = f(z)\,\mathrm{e}^{\sigma(z)} \tag{5.41}$$

für $z \in G$ erklärte Funktion Ψ in G holomorph.

Beweis. Wir betrachten zunächst die Menge G_0, die wir erhalten, indem wir die nach Satz 5.4 isolierten Nullstellen der Funktion f aus G entfernen.
Sei nun $z \in G_0$ beliebig. Nach Lemma 5.5 können wir für jedes $z \in G_0$

$$\begin{aligned}
\frac{\partial}{\partial \bar{z}}\,\Psi(z) &= \frac{\partial}{\partial \bar{z}}\left(f(z)\,\mathrm{e}^{\sigma(z)}\right) = f_{\bar{z}}(z)\,\mathrm{e}^{\sigma(z)} + f(z)\,\mathrm{e}^{\sigma(z)}\sigma_{\bar{z}}(z) \\
&= \left(f_{\bar{z}}(z) + f(z)\,\sigma_{\bar{z}}(z)\right)\mathrm{e}^{\sigma(z)} \\
&= \left(f_{\bar{z}}(z) + \left(A(z) + B(z)\,\frac{\overline{f(z)}}{f(z)}\right)f(z)\right)\mathrm{e}^{\sigma(z)} \\
&= \left(f_{\bar{z}}(z) + A(z)\,f(z) + B(z)\,\overline{f(z)}\right)\mathrm{e}^{\sigma(z)} = 0
\end{aligned}$$

ermitteln, wobei wir beachten, dass f die Differentialgleichung (5.40) in G_0 erfüllt. Die Funktion Ψ ist demnach in G_0 holomorph.

Es verbleibt die Holomorphie von Ψ in den Nullstellen von f zu zeigen.
Sei dazu $z_0 \in G$ eine beliebige Nullstelle von f in G. Da die Nullstellen von f nach dem Satz von Carleman (Satz 5.4) isolierte Punkte in G sind, finden wir zu $z_0 \in G$ ein $\delta > 0$, sodass für die offene Kreisscheibe

$$K_\delta(z_0) = \{z \in \mathbb{C} : |z - z_0| < \delta\}$$

die Inklusion $\overline{K_\delta(z_0)} \subset G$ erfüllt wird und gleichzeitig $f(z) \neq 0$ für alle $z \in \overline{K_\delta(z_0)} \backslash \{z_0\}$ gilt.

Wir beachten nun, dass die Funktion f als eine Lösung der Differentialgleichung (5.40) und die Funktion σ nach Lemma 5.5 auf $\overline{K_\delta(z_0)}$ stetig sind. Somit ist auch Ψ auf der abgeschlossenen Menge $\overline{K_\delta(z_0)}$ stetig.

Nach dem Fundamentalsatz von Weierstraß über Maxima und Minima nimmt die Funktion Ψ dort auch ihr Maximum beziehungsweise Minimum an. Sie ist also insbesondere in $\overline{K_\delta(z_0)}$ beschränkt.

Zudem ist Ψ wegen $\overline{K_\delta(z_0)} \setminus \{z_0\} \subset G_0$ entsprechend der vorangegangenen Argumentation in $\overline{K_\delta(z_0)} \setminus \{z_0\}$ holomorph.

Die Funktion Ψ genügt also den Voraussetzungen des Riemannschen Hebbarkeitssatzes (Satz 2.17) und ist daher holomorph auf $\overline{K_\delta(z_0)}$ fortsetzbar.

Insgesamt ist die durch (5.41) erklärte Funktion Ψ also in G holomorph. $\Box$

Bemerkung 5.6. Als eine direkte Folgerung aus dem Ähnlichkeitsprinzip von Bers und Vekua erhalten wir, dass es zu einer Lösung $f \not\equiv 0$ der Differentialgleichung (5.40) stets eine holomorphe Funktion Ψ gibt, sodass f wegen $e^{\sigma(z)} \neq 0$ die implizite Darstellung

$$f(z) = \Psi(z)\, e^{-\sigma(z)}$$

für $z \in G$ besitzt, wobei

$$\sigma(z) = T_G \left[A + B \frac{\overline{f}}{f} \right](z) = -\frac{1}{\pi} \iint\limits_G \frac{A(\zeta) + B(\zeta) \overline{\frac{f(\zeta)}{f(\zeta)}}}{\zeta - z} \, d\xi \, d\eta$$

ist.

Inspiriert durch diese Bemerkung, wollen wir die Aussage des Ähnlichkeitsprinzips von Bers und Vekua auf Lösungen des homogenen RHV-Problems erweitern.

Ist die Funktion $f \not\equiv 0$ im beschränkten Gebiet G unter den Voraussetzungen 2 b) und c) eine Lösung des homogenen RHV-Randwertproblems, dann ist f insbesondere stetig auf $\overline{G}$.

Da nach dem Lemma 5.5 die Funktion σ sogar Hölder-stetig auf $\overline{G}$ ist, erkennen wir auch die Stetigkeit der Funktion

$$\Psi(z) = f(z)\, e^{\sigma(z)}$$

für $z \in \overline{G}$. Wir erinnern daran, dass Ψ nach dem Ähnlichkeitsprinzip von Bers und Vekua in G holomorph ist.

Beachten wir zudem $e^{\sigma(z)} \neq 0$ für jedes $z \in \overline{G}$, gelangen wir zu einer impliziten Darstellung einer Lösung des RHV-Randwertproblems.

Satz 5.7 (Implizite Lösungsformel). *Es sei die Funktion $f \not\equiv 0$ im beschränkten Gebiet G unter den Voraussetzungen 2 b) und c) eine Lösung des homogenen RHV-Randwertproblems.*

Dann existiert eine in G holomorphe und auf $\overline{G}$ stetige Funktion Ψ, sodass f die implizite Darstellung

$$f(z) = \Psi(z)\, e^{-\sigma(z)}$$

für $z \in \overline{G}$ besitzt. Hierbei wird die Funktion σ durch

$$\sigma(z) = T_G \left[A + B \, \frac{\overline{f}}{f} \right] (z) = -\frac{1}{\pi} \iint\limits_G \frac{A(\zeta) + B(\zeta) \, \overline{\frac{f(\zeta)}{f(\zeta)}}}{\zeta - z} \, \mathrm{d}\xi \, \mathrm{d}\eta$$

für $z \in \overline{G}$ erklärt.

Dieser Satz wird sich bei der Diskussion des Lösungsraumes einer komplexen Integral-gleichung im Kapitel 6 als nützlich erweisen.

Bevor wir diesen Abschnitt beenden, wollen wir noch einen Spezialfall des Ähnlich-keitsprinzips von Bers und Vekua betrachten.

Für $B \equiv 0$ in G bleibt das Ähnlichkeitsprinzip von Bers und Vekua natürlich gültig und die Funktion σ ergibt sich in der Form

$$\sigma(z) = T_G \left[A \right] (z) = -\frac{1}{\pi} \iint\limits_G \frac{A(\zeta)}{\zeta - z} \, \mathrm{d}\xi \, \mathrm{d}\eta \ .$$

Unter der Voraussetzung 2 b) sehen wir mit dem Satz 4.4 sogar direkt

$$\sigma_{\overline{z}}(z) = A(z)$$

für alle $z \in G$ ein.

Damit sind wir in der Lage ohne Beachtung der Nullstellen von f und des Satzes von Carleman

$$\frac{\partial}{\partial \overline{z}} \left(f(z) \, \mathrm{e}^{\sigma(z)} \right) = f_{\overline{z}}(z) \, \mathrm{e}^{\sigma(z)} + f(z) \, \mathrm{e}^{\sigma(z)} \sigma_{\overline{z}}(z) = (f_{\overline{z}}(z) + f(z) \, \sigma_{\overline{z}}(z)) \, \mathrm{e}^{\sigma(z)}$$

$$= (f_{\overline{z}}(z) + A(z) \, f(z)) \, \mathrm{e}^{\sigma(z)} = 0$$

für $z \in G$ zu berechnen, wenn f eine Lösung der Differentialgleichung

$$f_{\overline{z}} + A \, f = 0$$

in G ist.

Bemerkung 5.7. Für $B \equiv 0$ in G kann das Ähnlichkeitsprinzip von Bers und Vekua auch ohne den Satz von Carleman bewiesen werden. Wie in [Sa04, Kap. IV, § 6] kann mit dem Identitätssatz für holomorphe Funktionen [Sa04, Kap. IV, § 2, Satz 5] der Satz von Carleman in diesem Fall sogar aus dem Ähnlichkeitsprinzip von Bers und Vekua gefolgert werden.

Da es im nächsten Abschnitt Verwendung findet, beachten wir noch das folgende Ergebnis.

Lemma 5.6. *Sei G ein beschränktes Gebiet und $A \in C(\overline{G}, \mathbb{C})$ in G Hölder-stetig. Dann ist*

$$g(z) = \mathrm{e}^{-T_G[A](z)} = \exp \left(\frac{1}{\pi} \iint\limits_G \frac{A(\zeta)}{\zeta - z} \, \mathrm{d}\xi \, \mathrm{d}\eta \right)$$

für $z \in G$ eine Lösung der Differentialgleichung $g_{\overline{z}} + A \, g = 0$ in G.

Beweis. Da die Funktion A die Voraussetzungen von Satz 4.4 erfüllt, berechnen wir mit diesem unmittelbar

$$\frac{\partial}{\partial \bar{z}}\, g(z) = \frac{\partial}{\partial \bar{z}}\left(\mathrm{e}^{-T_G[A](z)}\right) = \mathrm{e}^{-T_G[A](z)}\left(-A(z)\right) = -A(z)\, g(z)$$

für jedes $z \in G$. Daraus erhalten wir sofort die Behauptung.   □

Bemerkung 5.8. Wie auch im vorherigen Abschnitt sind die hier erhaltenen Ergebnisse als von der Voraussetzung 2 a) losgelöst zu betrachten.

5.5 Die kanonische Form des RHV-Randwertproblems

Bevor wir die Differentialgleichung (5.1) des RHV-Randwertproblems in eine komplexe Integralgleichung überführen, werden wir das RHV-Problem in eine kanonische Form bringen.

Dafür ist es wichtig zunächst den sogenannten Index des RHV-Problems einzuführen. Im Anschluss daran transformieren wir die Differentialgleichung (5.1) und die Randbedingung (5.2) mit unterschiedlichen Methoden.

5.5.1 Der Index des RHV-Problems

Zu Beginn wollen wir den Index des RHV-Randwertproblems erklären. Dieser ist uns bereits beim klassischen Riemann-Hilbertschen Randwertproblem im Abschnitt 5.2 begegnet. Da wir hier zu einer allgemeineren Begriffsbildung kommen, wurde der Index dort nur en passant eingeführt.

Der Index steht in direkter Verbindung zur Randbedingung (5.2) des RHV-Problems und spielt für die Lösungstheorie eine wichtige Rolle.

Wir kombinieren hier die Ansätze von [Ve56, § 8, Abschnitt 3], [Ve63, Kap. IV, § 3] sowie [Sa05, Kap. IX, § 3].

Zunächst betrachten wir eine Funktion $\chi\colon \Gamma \to \mathbb{R}$ auf dem Rand Γ eines einfach zusammenhängenden Gebietes G. Wird der Rand Γ nun einmal mathematisch positiv durchlaufen, das heißt derart, dass das Gebiet G links des Randes Γ liegt, erfährt die Funktion χ einen Zuwachs. Diesen bezeichnen wir mit $\Delta_\Gamma \chi$.

Entsprechend der Definition ergeben sich sofort zwei Eigenschaften für den Zuwachs.

Lemma 5.7. *Seien die Funktionen* $\chi_1\colon \Gamma \to \mathbb{R}$ *und* $\chi_2\colon \Gamma \to \mathbb{R}$ *sowie* $\chi \in C(\Gamma, \mathbb{R})$ *gegeben. Dann gelten* $\Delta_\Gamma (\chi_1 + \chi_2) = \Delta_\Gamma \chi_1 + \Delta_\Gamma \chi_2$ *sowie* $\Delta_\Gamma \chi = 0$.

Damit sind wir in der Lage den Begriff des Indexes bezüglich Γ einzuführen. Dieser wird durch den Zuwachs des Arguments einer Funktion $\lambda\colon \Gamma \to \mathbb{C}$ gekennzeichnet und durch

$$\mathrm{ind}_\Gamma\, \lambda = \frac{1}{2\pi}\, \Delta_\Gamma \arg \lambda$$

definiert. Hierbei ist entscheidend, dass wir arg als die universelle Argumentfunktion im Sinne von [Sa14, Kap. III, § 5, Definition 8] auffassen.

Wir wollen den Begriff des Indexes noch besser verstehen, indem wir ihn geometrisch deuten. Dazu sei λ eine Funktion gemäß der Voraussetzung 2 c). Wir bemerken, dass $\lambda(z) = \alpha(z) + i\beta(z)$ für jedes $z \in \Gamma$ einen Vektor in $\mathbb{R}^2$ mit den Komponenten $\alpha(z)$ und $\beta(z)$ beschreibt.

Wir fixieren nun einen Punkt $z_0 \in \Gamma$ und durchlaufen Γ von diesem ausgehend einmal mathematisch positiv. Da λ auf dem Rand Γ Hölder-stetig ist, kehrt der Vektor λ danach in seine Ausgangslage $\lambda(z_0)$ zurück.

Somit muss der Vektor λ während des Durchlaufs n^+ volle mathematisch positive und n^- volle mathematisch negative Umdrehungen ausführen. Die Differenz aus den positiven und den negativen Umdrehungen

$$n = n^+ - n^- \in \mathbb{Z}$$

entspricht dem Index der Funktion λ bezüglich des Randes Γ. Es gilt also

$$n = n^+ - n^- = \operatorname{ind}_\Gamma \lambda \,.$$

Wir erkennen, dass der Index die effektive Anzahl mathematisch positiver Umdrehungen des Vektors λ bei einem mathematisch positiven Durchlauf des Randes Γ zählt.

Damit gelangen wir sofort zum Index des RHV-Randwertproblems, indem wir den Index der Funktion λ aus der Randbedingung (5.2) bezüglich des Randes Γ auch als Index des RHV-Problems erklären. Diesen bezeichnen wir fortan mit n.

Im Wesentlichen unterscheiden wir zwischen negativem Index $n < 0$ und nicht negativem Index $n \geq 0$.

Bemerkung 5.9. Wir werden uns später auf den Fall $n \geq 0$ konzentrieren.

5.5.2 Die Reduktion der Differentialgleichung

Wir wollen nun unter der Voraussetzung 2 b) die Differentialgleichung

$$f_{\bar{z}} + A f + B \overline{f} = R \tag{5.42}$$

des RHV-Randwertproblems in einem Gebiet G betrachten und diese in die sogenannte kanonische Form überführen. Das Ziel ist es den Term $A f$ aus der Differentialgleichung zu eliminieren. Dabei folgen wir der Idee aus [Ve56, § 4, Abschnitt 1].

Für eine Lösung f der Differentialgleichung (5.42) machen wir zunächst einen Produktansatz der Form $f = g\,h$. Wegen

$$\frac{\partial}{\partial \bar{z}} f = \frac{\partial}{\partial \bar{z}} (g\,h) = g\,\frac{\partial}{\partial \bar{z}} h + h\,\frac{\partial}{\partial \bar{z}} g$$

erscheint die Differentialgleichung (5.42) dann in der Form

$$g\,h_{\bar{z}} + h\,g_{\bar{z}} + A\,g\,h + B\,\overline{g\,h} = R$$

beziehungsweise

$$h\,(g_{\bar{z}} + A\,g) + g\,h_{\bar{z}} + B\,\overline{g\,h} = R \,. \tag{5.43}$$

Nehmen wir nun an, dass eine Funktion g die Differentialgleichung

$$g_{\bar{z}} + A\,g = 0 \tag{5.44}$$

in G löst, vereinfacht sich die Differentialgleichung (5.43) zu

$$g\,h_{\bar{z}} + B\,\overline{g\,h} = R\,. \tag{5.45}$$

Wir erinnern uns daran, dass nach dem Lemma 5.6 eine Lösung der Differentialgleichung (5.44) durch

$$g(z) = \mathrm{e}^{-T_G[A](z)} = \exp\left(\frac{1}{\pi} \iint\limits_{G} \frac{A(\zeta)}{\zeta - z}\,\mathrm{d}\xi\,\mathrm{d}\eta \right) \tag{5.46}$$

für $z \in G$ gegeben ist.

Mit dieser speziellen Lösung g können wir von (5.43) zur Differentialgleichung (5.45) beziehungsweise wegen $g(z) \neq 0$ für alle $z \in G$ zu

$$h_{\bar{z}} + B\,\frac{\overline{g}}{g}\,\overline{h} = \frac{R}{g} \tag{5.47}$$

übergehen.

Setzen wir

$$B_0(z) = B(z)\,\frac{\overline{g(z)}}{g(z)} = B(z)\,\frac{\overline{\mathrm{e}^{-T_G[A](z)}}}{\mathrm{e}^{-T_G[A](z)}} = B(z)\exp\left(T_G[A](z) - \overline{T_G[A](z)} \right)$$
$$= B(z)\exp\left(2\mathrm{i}\,\mathrm{Im}\{T_G[A](z)\} \right)$$

sowie

$$R_0(z) = \frac{R(z)}{g(z)} = \frac{R(z)}{\mathrm{e}^{-T_G[A](z)}} = R(z)\,\mathrm{e}^{T_G[A](z)}$$

für $z \in G$, erhält (5.47) die Gestalt

$$h_{\bar{z}} + B_0\,\overline{h} = R_0 \tag{5.48}$$

in G.

Wir bezeichnen eine Differentialgleichung wie in (5.48) als reduziert.

Bestimmen wir nun eine Lösung h der Differentialgleichung (5.48), ergibt sich entsprechend der Konstruktion auch eine Lösung f der Differentialgleichung (5.42).

Da wir insgesamt das RHV-Randwertproblem betrachten wollen, dürfen wir nicht vergessen den Einfluss dieser Transformation auf die Voraussetzungen 2 und die Randbedingung (5.2) zu untersuchen.

Zunächst sehen wir aufgrund des Satzes 4.2, dass die durch (5.46) gegebene Funktion g auf $\overline{G}$ Hölder-stetig ist.

Verwenden wir mit dieser unter der Voraussetzung 2 c) den Produktansatz $f = g\,h$ auch in der Randbedingung (5.2), ergibt sich

$$\mathrm{Re}\left\{\overline{\lambda(z)}\,f(z)\right\} = \mathrm{Re}\left\{\overline{\lambda(z)}\,g(z)\,h(z)\right\} = \mathrm{Re}\left\{\overline{\lambda(z)}\,\mathrm{e}^{-T_G[A](z)}\,h(z)\right\} = \gamma(z) \qquad (5.49)$$

für jedes $z \in \Gamma$.

Beachten wir

$$\mathrm{e}^{-T_G[A](z)} = \mathrm{e}^{-\mathrm{Re}\{T_G[A](z)\}-\mathrm{i}\,\mathrm{Im}\{T_G[A](z)\}} = \mathrm{e}^{-\mathrm{Re}\{T_G[A](z)\}}\,\mathrm{e}^{-\mathrm{i}\,\mathrm{Im}\{T_G[A](z)\}}\,,$$

erscheint (5.49) in der äquivalenten Form

$$\mathrm{e}^{-\mathrm{Re}\{T_G[A](z)\}}\,\mathrm{Re}\left\{\overline{\lambda(z)\,\mathrm{e}^{\mathrm{i}\,\mathrm{Im}\{T_G[A](z)\}}}\,h(z)\right\} = \gamma(z)$$

beziehungsweise

$$\mathrm{Re}\left\{\overline{\lambda(z)\,\mathrm{e}^{\mathrm{i}\,\mathrm{Im}\{T_G[A](z)\}}}\,h(z)\right\} = \gamma(z)\,\mathrm{e}^{\mathrm{Re}\{T_G[A](z)\}}$$

für $z \in \Gamma$.

Mit

$$\lambda_0(z) = \lambda(z)\,\mathrm{e}^{\mathrm{i}\,\mathrm{Im}\{T_G[A](z)\}}$$

und

$$\gamma_0(z) = \gamma(z)\,\mathrm{e}^{\mathrm{Re}\{T_G[A](z)\}}$$

für $z \in \Gamma$ erhalten wir die Randbedingung in der Gestalt

$$\mathrm{Re}\left\{\overline{\lambda_0(z)}\,h(z)\right\} = \gamma_0(z) \qquad (5.50)$$

für jedes $z \in \Gamma$.

Abschließend sehen wir aufgrund des Satzes 4.2 und der Lemmata 2.1 und 2.2, dass die Funktionen B_0 und R_0 sowie λ_0 und γ_0 ebenfalls die Voraussetzungen 2 b) beziehungsweise c) erfüllen.

Insbesondere bemerken wir

$$|B_0(z)| = |B(z)\exp(2\mathrm{i}\,\mathrm{Im}\{T_G[A](z)\})| = |B(z)|$$

für alle $z \in G$.

Zudem folgt aufgrund des Lemmas 5.7 und der Stetigkeit von $T_G[A]$ auf Γ

$$\begin{aligned}
\mathrm{ind}_\Gamma\,\lambda_0 &= \frac{1}{2\pi}\,\Delta_\Gamma\,\arg\lambda_0 = \frac{1}{2\pi}\,\Delta_\Gamma\,\arg\left(\lambda\,\mathrm{e}^{\mathrm{i}\,\mathrm{Im}\{T_G[A]\}}\right)\\
&= \frac{1}{2\pi}\,\Delta_\Gamma\left(\arg\lambda + \arg\mathrm{e}^{\mathrm{i}\,\mathrm{Im}\{T_G[A]\}}\right)\\
&= \frac{1}{2\pi}\left(\Delta_\Gamma\,\arg\lambda + \Delta_\Gamma\,\mathrm{Im}\{T_G[A]\}\right) = \frac{1}{2\pi}\,\Delta_\Gamma\,\arg\lambda = \mathrm{ind}_\Gamma\,\lambda\,.
\end{aligned}$$

Die Funktion λ_0 hat demnach den gleichen Index wie λ.

Anstatt eine Lösung f der Differentialgleichung (5.1) zu suchen, die der Randbedingung (5.2) genügt, können wir also immer das äquivalente Randwertproblem betrachten, das aus der reduzierten Differentialgleichung (5.48) und der Randbedingung (5.50) besteht.

Dieses stellt ebenfalls ein RHV-Randwertproblem dar und hat insbesondere den gleichen Index wie das ursprüngliche Problem.

5.5.3 Die Randbedingung in kanonischer Form

Wir wollen jetzt die Randbedingung

$$\text{Re}\left\{\overline{\lambda(z)}\,f(z)\right\} = \gamma(z) \tag{5.51}$$

für $z \in \Gamma$ untersuchen und in eine simplere Darstellung überführen. Dabei folgen wir den Betrachtungen in [Sa05, Kap. IX, § 3].

Im Gegensatz zum vorherigen Abschnitt soll hier die Voraussetzung 2 a) neben den Voraussetzungen 2 b) und c) ausdrücklich erfüllt sein. Das Gebiet G ist also die offene Einheitskreisscheibe.

Zusätzlich nehmen wir an, dass $|\lambda(z)| = 1$ für alle $z \in \Gamma$ richtig ist. Unter Beachtung der Ausführungen im Abschnitt 3.1.2, sehen wir, dass diese Forderung keine Einschränkung darstellt.

Es sei nun $n \in \mathbb{Z}$ der Index des RHV-Randwertproblems.

Für die Funktion $\lambda\colon \Gamma \to \Gamma$ machen wir dann den Ansatz

$$\lambda(z) = z^n\,e^{i\chi(z)} \tag{5.52}$$

für $z \in \Gamma$ mit einer reellwertigen Funktion $\chi\colon \Gamma \to \mathbb{R}$.

Die Funktion z^n beschreibt dabei eine regelmäßige Drehung des Einheitsvektors. Während eines mathematisch positiven Durchlaufs werden also n gleichmäßige Drehungen des Vektors z^n in mathematisch positive Richtung ausgeführt, das heißt, der Zuwachs des Arguments von z^n ist insbesondere linear.

Bemerkung 5.10. Für $n < 0$ verstehen wir unter n mathematisch positiven Drehungen $-n > 0$ mathematisch negative.

Hingegen interpretieren wir die Funktion χ als Korrektur beziehungsweise Störung dieser regelmäßigen Drehung z^n, sodass wir in jedem Punkt $z \in \Gamma$ den Vektor z^n zu $\lambda(z)$ drehen. Da λ und z^n auf dem Rand Γ stetig sind, kann dies durch eine auf Γ stetige Korrekturfunktion χ realisiert werden.

Es kann gezeigt werden, dass diese sogar Hölder-stetig auf Γ ist. Ohne näher in Details zu gehen beachten wir dazu, dass wir die komplexe Exponentialfunktion lokal umkehren können und χ aufgrund von (5.52) lokal die Darstellung

$$\chi(z) = -i\log\left(\frac{\lambda(z)}{z^n}\right)$$

besitzt. Daraus kann unter Verwendung der Hölder-Stetigkeit von λ und z^n weiter geschlussfolgert werden, dass zu jedem Punkt $z \in \Gamma$ eine Umgebung existiert in der χ Hölder-stetig ist. Mit dem Überdeckungssatz von Heine-Borel folgt dann aus der lokalen Hölder-Stetigkeit von χ auch die Hölder-Stetigkeit auf Γ.

Dementsprechend betrachten wir χ als Hölder-stetig auf Γ.

Mit der Korrekturfunktion χ bilden wir nun die Funktion

$$\psi(z) = \frac{1}{2\pi i}\int\limits_{\Gamma} \frac{\zeta+z}{\zeta-z}\,\chi(\zeta)\,\frac{d\zeta}{\zeta}$$

für $z \in G$. Aufgrund der Hölder-Stetigkeit von χ auf Γ und dem Satz 2.14 ist ψ in der offenen Einheitskreisscheibe G holomorph und kann zudem stetig auf $\overline{G}$ fortgesetzt werden.

Nach [Ve63, Kap. IV, § 1, Beweis von Satz 4.1] kann gezeigt werden, dass ψ auf $\overline{G}$ sogar Hölder-stetig ist. Wir wollen auf diesen Aspekt hier nicht näher eingehen, ihn aber dennoch verwenden. Für weiterführende Betrachtungen dazu verweisen wir auf die Aussage von [Ve63, Kap. I, § 3, Satz 1.11], die sich ihrerseits auf Ergebnisse von [Mu65, Kap. I, § 22] stützt.

Da der Realteil von ψ nach dem Satz 2.14 zusätzlich auf dem Rand Γ mit χ übereinstimmt, setzen wir χ mittels

$$\chi(z) = \operatorname{Re}\psi(z)$$

für $z \in G$ stetig auf $\overline{G}$ fort.

Den Imaginärteil υ von ψ erklären wir für $z \in \overline{G}$ durch

$$\upsilon(z) = \operatorname{Im}\psi(z) \, .$$

Da ψ auf $\overline{G}$ Hölder-stetig ist, bemerken wir, dass auch υ eine auf $\overline{G}$ Hölder-stetige Funktion darstellt.

Mit diesen Gedanken kehren wir zur Randbedingung (5.51) zurück. Wir multiplizieren diese nun für jedes $z \in \Gamma$ mit $\exp(\upsilon(z)) \neq 0$ und erhalten mit dem Ansatz (5.52)

$$
\begin{aligned}
e^{\upsilon(z)}\,\gamma(z) = e^{\upsilon(z)}\operatorname{Re}\left\{\overline{\lambda(z)}\,f(z)\right\} &= \operatorname{Re}\left\{e^{\upsilon(z)}\,\overline{z^n\,e^{i\chi(z)}}\,f(z)\right\} \\
&= \operatorname{Re}\left\{z^{-n}\,e^{-i\chi(z)+\upsilon(z)}\,f(z)\right\} \quad (5.53) \\
&= \operatorname{Re}\left\{z^{-n}\,e^{-i\psi(z)}\,f(z)\right\}
\end{aligned}
$$

für $z \in \Gamma$, wobei wir $\overline{z^n} = z^{-n}$ sowie

$$-i\chi(z) + \upsilon(z) = -i\left(\chi(z) + i\upsilon(z)\right) = -i\psi(z)$$

verwenden.
Wir setzen

$$f_0(z) = f(z)\,e^{-i\psi(z)} \quad (5.54)$$

und

$$\gamma_0(z) = \gamma(z)\,e^{\upsilon(z)}$$

für $z \in \Gamma$ und erkennen die Randbedingung (5.53) damit in der Form

$$\operatorname{Re}\left\{z^{-n}\,f_0(z)\right\} = \gamma_0(z) \quad (5.55)$$

für $z \in \Gamma$. Wir beachten, dass z^n und γ_0 auch die Voraussetzung 2 c) erfüllen.
Auf diese Weise haben wir die allgemeine Randbedingung (5.51) mit der Funktion λ in die kanonische Form (5.55) gebracht. Dies bringt es allerdings mit sich, dass wir die Funktion f_0 anstelle von f untersuchen.

Da wir insgesamt das RHV-Randwertproblem betrachten, wollen wir den Übergang von f zu f_0 auch in der Differentialgleichung realisieren, sodass eine Betrachtung von f_0 die von f ersetzt.

Nach der Reduktionsmethode aus dem vorangegangenen Abschnitt können wir annehmen, dass die Differentialgleichung in der reduzierten Form

$$f_{\bar{z}} + B\,\overline{f} = R \qquad (5.56)$$

in G gegeben ist.

Diese multiplizieren wir für $z \in G$ mit der Funktion $\exp(-\mathrm{i}\psi(z)) \neq 0$, die als Verkettung holomorpher Funktionen ebenfalls holomorph in G ist. Es ergibt sich

$$\mathrm{e}^{-\mathrm{i}\psi(z)}\,f_{\bar{z}}(z) + \mathrm{e}^{-\mathrm{i}\psi(z)}\,B(z)\,\overline{f(z)} = \mathrm{e}^{-\mathrm{i}\psi(z)}\,R(z) \qquad (5.57)$$

für alle $z \in G$.
Wir bemerken nun

$$\mathrm{e}^{-\mathrm{i}\psi(z)} = \mathrm{e}^{-\mathrm{i}\chi(z)+\upsilon(z)}\,\mathrm{e}^{\mathrm{i}\chi(z)-\mathrm{i}\chi(z)} = \mathrm{e}^{-2\mathrm{i}\chi(z)}\,\mathrm{e}^{\mathrm{i}\chi(z)+\upsilon(z)}$$

$$= \mathrm{e}^{-2\mathrm{i}\chi(z)}\,\overline{\mathrm{e}^{-\mathrm{i}\chi(z)+\upsilon(z)}} = \mathrm{e}^{-2\mathrm{i}\chi(z)}\,\overline{\mathrm{e}^{-\mathrm{i}\psi(z)}}$$

sowie

$$\frac{\partial}{\partial \bar{z}}\left(\mathrm{e}^{-\mathrm{i}\psi(z)}f(z)\right) = \mathrm{e}^{-\mathrm{i}\psi(z)}\,f_{\bar{z}}(z) + f(z)\,\frac{\partial}{\partial \bar{z}}\left(\mathrm{e}^{-\mathrm{i}\psi(z)}\right) = \mathrm{e}^{-\mathrm{i}\psi(z)}\,f_{\bar{z}}(z)$$

für jedes $z \in G$.

Damit erscheint die Differentialgleichung (5.57) in der äquivalenten Form

$$\frac{\partial}{\partial \bar{z}}\left(\mathrm{e}^{-\mathrm{i}\psi(z)}f(z)\right) + \mathrm{e}^{-2\mathrm{i}\chi(z)}\,B(z)\,\overline{\mathrm{e}^{-\mathrm{i}\psi(z)}f(z)} = \mathrm{e}^{-\mathrm{i}\psi(z)}\,R(z)$$

für $z \in G$.
Verwenden wir (5.54) auch für $z \in G$ und setzen

$$B_0(z) = B(z)\,\mathrm{e}^{-2\mathrm{i}\chi(z)}$$

sowie

$$R_0(z) = R(z)\,\mathrm{e}^{-\mathrm{i}\psi(z)}$$

für alle $z \in G$, ergibt sich mit

$$\frac{\partial}{\partial \bar{z}}\,f_0(z) + B_0(z)\,\overline{f_0(z)} = R_0(z) \qquad (5.58)$$

für $z \in G$ eine Differentialgleichung der Funktion f_0.
Die Funktionen B_0 und R_0 erfüllen dabei die Voraussetzung 2 b).

Entsprechend unserer Konstruktion erkennen wir wegen (5.54), dass die Funktion f_0 genau dann eine Lösung der Differentialgleichung (5.58) in G ist, die der Randbedingung (5.55) genügt, wenn die Funktion f die Differentialgleichung (5.56) in G unter der Randbedingung (5.51) erfüllt.

Wir bezeichnen ein RHV-Randwertproblem, das unter den Voraussetzungen 2 aus einer reduzierten Differentialgleichung der Gestalt (5.58) und einer Randbedingung der Form (5.55) besteht, als RHV-Problem in kanonischer Form oder kanonisches RHV-Problem.

6 Die komplexe Integralgleichung und die Lösbarkeit des RHV-Problems

Unsere Studien aus den vorangegangenen Kapiteln sollen nun die Frage nach der Lösbarkeit des RHV-Randwertproblems beantworten.

Dazu überführen wir dieses ausgehend von der reduzierten Differentialgleichung in eine komplexe Integralgleichung. Im Anschluss daran stellen wir eine Beziehung zwischen der Lösung der komplexen Integralgleichung und der des RHV-Randwertproblems her. Dabei orientieren wir uns an den Ideen von [Ve63, Kap. IV, § 7] und legen unseren Fokus auf den Fall des nicht negativen Indexes.

Indem wir die Eigenschaften der Integraloperatoren aus dem Kapitel 4 verwenden, erkennen wir letztendlich, dass das RHV-Problem unter den Voraussetzungen 2 für einen Index $n \geq 0$ stets lösbar ist. Mit dem Äquivalenzsatz (Satz 3.4) aus dem Kapitel 3 erhalten wir demnach auch die Lösbarkeit des Poincaréschen Randwertproblems für entsprechende Voraussetzungen.

Am Ende schließen wir unsere Untersuchungen mit einigen Anmerkungen zu den Lösungen der betrachteten Randwertprobleme ab.

6.1 Von der Differential- zur Integralgleichung

Aufgrund des Abschnitts 5.5 können wir davon ausgehen, dass das RHV-Problem in kanonischer Form vorliegt. Wir suchen also unter den Voraussetzungen 2 eine Funktion f der Klasse $C(\overline{G}, \mathbb{C}) \cap C^1(G, \mathbb{C})$, welche in G die Differentialgleichung

$$f_{\overline{z}} + B\,\overline{f} = R \qquad (6.1)$$

löst und der Randbedingung

$$\mathrm{Re}\{z^{-n}\,f(z)\} = \gamma(z)$$

für $z \in \Gamma$ genügt.

Wir greifen die angedeutete Idee der Bemerkung 4.5 auf und wenden auf die Differentialgleichung (6.1) den Vekuaschen Integraloperator T_G an.

Für eine Lösung f des kanonischen RHV-Problems ergibt sich

$$-\frac{1}{\pi} \iint\limits_{G} \frac{f_{\overline{\zeta}}(\zeta)}{\zeta - z}\, \mathrm{d}\xi\, \mathrm{d}\eta - \frac{1}{\pi} \iint\limits_{G} \frac{B(\zeta)\,\overline{f(\zeta)}}{\zeta - z}\, \mathrm{d}\xi\, \mathrm{d}\eta = -\frac{1}{\pi} \iint\limits_{G} \frac{R(\zeta)}{\zeta - z}\, \mathrm{d}\xi\, \mathrm{d}\eta \qquad (6.2)$$

für $z \in G$.

Da eine Lösung f gleichzeitig die Voraussetzungen von Satz 2.16 in G erfüllt, erhalten wir zudem die Darstellung

$$-\frac{1}{\pi} \iint\limits_{G \setminus \{z\}} \frac{f_{\bar{\zeta}}(\zeta)}{\zeta - z} \, d\xi \, d\eta = f(z) - \frac{1}{2\pi i} \int\limits_{\partial G} \frac{f(\zeta)}{\zeta - z} \, d\zeta \qquad (6.3)$$

für $z \in G$.

Unter der Voraussetzung 2 b) folgt für eine Lösung $f \in C(\overline{G}) \cap C^1(G)$ mit einer Konstanten $M \geq 0$ zusätzlich

$$\left| f_{\bar{z}}(z) \right| = \left| R(z) - B(z) \overline{f(z)} \right| \leq M < \infty$$

für alle $z \in G$.

Wir sehen daher mit der Ungleichung von E. Schmidt (Lemma 4.3)

$$-\frac{1}{\pi} \iint\limits_{G \setminus \{z\}} \frac{f_{\bar{\zeta}}(\zeta)}{\zeta - z} \, d\xi \, d\eta = -\frac{1}{\pi} \iint\limits_{G} \frac{f_{\bar{\zeta}}(\zeta)}{\zeta - z} \, d\xi \, d\eta \qquad (6.4)$$

für jedes $z \in G$ ein.

Die Verwendung von (6.3) und (6.4) in (6.2) führt uns schließlich auf

$$f(z) - \frac{1}{\pi} \iint\limits_{G} \frac{B(\zeta) \overline{f(\zeta)}}{\zeta - z} \, d\xi \, d\eta = -\frac{1}{\pi} \iint\limits_{G} \frac{R(\zeta)}{\zeta - z} \, d\xi \, d\eta + \Psi(z)$$

für $z \in G$, wobei wir

$$\Psi(z) = \frac{1}{2\pi i} \int\limits_{\partial G} \frac{f(\zeta)}{\zeta - z} \, d\zeta$$

setzen.

Wir beachten, dass die Funktion Ψ entsprechend unserer Konstruktion holomorph in G ist und wegen Satz 4.2 durch

$$\Psi(z) = f(z) + T_G[B \overline{f}](z) - T_G[R](z)$$

für $z \in \overline{G}$ stetig auf $\overline{G}$ fortsetzbar ist.

Wir fassen unsere Gedanken in dem folgenden Satz zusammen.

Satz 6.1. *Sei $f \in C(\overline{G}, \mathbb{C}) \cap C^1(G, \mathbb{C})$ unter den Voraussetzungen 2 eine Lösung des kanonischen RHV-Problems. Dann existiert eine in G holomorphe und auf $\overline{G}$ stetige Funktion Ψ, sodass f eine Lösung der komplexen Integralgleichung*

$$f(z) - \frac{1}{\pi} \iint\limits_{G} \frac{B(\zeta) \overline{f(\zeta)}}{\zeta - z} \, d\xi \, d\eta = -\frac{1}{\pi} \iint\limits_{G} \frac{R(\zeta)}{\zeta - z} \, d\xi \, d\eta + \Psi(z) \qquad (6.5)$$

für $z \in \overline{G}$ ist.

Es stellt sich nun die Frage, inwiefern sich die Aussage des Satzes 6.1 umkehren lässt, das heißt, unter welchen Bedingungen eine Lösung f der Integralgleichung (6.5) auch das entsprechende kanonische RHV-Problem löst.

Wir werden sehen, dass die Freiheit in der Wahl der Funktion Ψ dabei eine entscheidende Rolle spielen wird.

6.2 Von der komplexen Integralgleichung zum RHV-Problem

Wir wollen jetzt von der komplexen Integralgleichung (6.5) ausgehen, die wir mit dem Vekuaschen Integraloperator auch in der Form

$$f(z) + T_G[B\,\overline{f}](z) = T_G[R](z) + \Psi(z) \tag{6.6}$$

für $z \in \overline{G}$ notieren können.

Dabei sei die in G holomorphe und auf $\overline{G}$ stetige Funktion Ψ zunächst beliebig. Außerdem mögen die Voraussetzungen 2 erfüllt sein.

6.2.1 Die Regularität einer Lösung der komplexen Integralgleichung

Zunächst betrachten wir eine Lösung $f \in C(\overline{G})$ der komplexen Integralgleichung (6.6) und zeigen das folgende Ergebnis.

Satz 6.2. *Seien Ψ eine in G holomorphe und auf $\overline{G}$ stetige Funktion und $f \in C(\overline{G}, \mathbb{C})$ unter den Voraussetzungen 2 eine Lösung der komplexen Integralgleichung*

$$f(z) + T_G[B\,\overline{f}](z) = T_G[R](z) + \Psi(z)$$

für $z \in \overline{G}$. Dann gilt $f \in C(\overline{G}, \mathbb{C}) \cap C^1(G, \mathbb{C})$.

Beweis. Zunächst beachten wir $\Psi \in C^1(G)$. Mit dem Lemma 2.3 sehen wir zudem, dass Ψ in G auch Hölder-stetig ist.

Da die Funktionen $B\overline{f}$ und R nach Voraussetzung stetig auf $\overline{G}$ sind, folgt aus dem Satz 4.2, dass die Funktionen $T_G[B\,\overline{f}]$ und $T_G[R]$ auf $\overline{G}$ gleichmäßig Hölder-stetig sind. Für eine Lösung $f \in C(\overline{G})$ gilt nun

$$f(z) = T_G[R](z) - T_G[B\,\overline{f}](z) + \Psi(z) \tag{6.7}$$

für $z \in \overline{G}$.

Da die rechte Seite von (6.7) nach dem Lemma 2.1 eine in G Hölder-stetige Funktion ist, folgt, dass auch f in G Hölder-stetig ist.

Da neben R nach dem Lemma 2.1 nun auch die Funktion $B\overline{f}$ in G Hölder-stetig ist, folgt unter Verwendung des Satzes 4.4, dass die Funktionen $T_G[B\,\overline{f}]$ und $T_G[R]$ stetig differenzierbar in G sind.

Somit gehört die rechte Seite von (6.7) zur Klasse $C^1(G)$. Es folgt daher $f \in C^1(G)$. $\square$

Bemerkung 6.1. Wir erkennen anhand des Satzes 6.2, dass es genügt Lösungen der komplexen Integralgleichung (6.6) im Banachraum $C(\overline{G}, \mathbb{C})$ zu suchen, da jede derartige Lösung sofort auch die geforderte Regularität einer Lösung des kanonischen RHV-Problems besitzt.

6.2.2 Die Differentialgleichung

Wir wollen nun erkennen, dass jede Lösung $f \in C(\overline{G})$ der komplexen Integralgleichung (6.6) unter den aufgeführten Voraussetzungen die Differentialgleichung

$$f_{\overline{z}} + B\,\overline{f} = R$$

in G löst.

Dazu entnehmen wir dem Beweis des Satzes 6.2 die Hölder-Stetigkeit der Funktion $B\,\overline{f}$ in G. Da entsprechend der Voraussetzungen auch die Funktion R Hölder-stetig in G ist, folgt mithilfe des Satzes 4.4 unmittelbar

$$\frac{\partial}{\partial \overline{z}}\, T_G[B\,\overline{f}](z) = B(z)\,\overline{f(z)}$$

sowie

$$\frac{\partial}{\partial \overline{z}}\, T_G[R](z) = R(z)$$

für alle $z \in G$.

Leiten wir nun die Integralgleichung (6.6) nach $\overline{z}$ ab, sehen wir unter Beachtung des Satzes 6.2

$$f_{\overline{z}}(z) + B(z)\,\overline{f(z)} = \frac{\partial}{\partial \overline{z}}\left(f(z) + T_G[B\,\overline{f}](z)\right) = \frac{\partial}{\partial \overline{z}}\left(T_G[R](z) + \Psi(z)\right) = R(z)$$

für $z \in G$ ein.

Wir kommen zu der folgenden Erkenntnis.

Satz 6.3. *Jede Funktion $f \in C(\overline{G}, \mathbb{C})$, die unter den Voraussetzungen 2 die komplexe Integralgleichung*

$$f(z) + T_G[B\,\overline{f}](z) = T_G[R](z) + \Psi(z)$$

für $z \in G$ löst, erfüllt auch die Differentialgleichung

$$f_{\overline{z}} + B\,\overline{f} = R$$

in G.

Für die Aussagen der Sätze 6.2 und 6.3 war es bisher nicht nötig die Funktion Ψ näher zu spezifizieren. Dies wird sich im nächsten Abschnitt allerdings ändern.

6.2.3 Die Randbedingung

Von nun an schränken wir unsere Betrachtungen derart ein, dass wir von einer Lösung der komplexen Integralgleichung auf eine des kanonischen RHV-Problems mit nicht negativem Index n schließen wollen. Es sei also $n \in \mathbb{N} \cup \{0\}$.

Da die Sätze 6.2 und 6.3 unabhängig von der Wahl einer in G holomorphen und auf $\overline{G}$ stetigen Funktion Ψ sind, nutzen wir diese Freiheit um Ψ so zu bestimmen, dass eine Lösung $f \in C(\overline{G})$ der komplexen Integralgleichung (6.6) auch die Randbedingung

$$\mathrm{Re}\{z^{-n} f(z)\} = \gamma(z) \tag{6.8}$$

für $z \in \Gamma$ erfüllt.

Wir folgen der Idee in [Ve63, Kap. IV, § 7] und machen für Ψ den Ansatz

$$\Psi(z) = \Psi_0(z) + \frac{z^{2n+1}}{\pi} \iint\limits_G \frac{\overline{B(\zeta)}\,f(\zeta)}{1 - \overline{\zeta}z}\,\mathrm{d}\xi\,\mathrm{d}\eta - \frac{z^{2n+1}}{\pi} \iint\limits_G \frac{\overline{R(\zeta)}}{1 - \overline{\zeta}z}\,\mathrm{d}\xi\,\mathrm{d}\eta \qquad (6.9)$$

$$= \Psi_0(z) + \widetilde{T}_G^{(2n)}[B\,\overline{f}](z) - \widetilde{T}_G^{(2n)}[R](z)$$

für $z \in \overline{G}$ unter Beachtung der Definition 4.3 sowie der Sätze 4.5 und 4.8.

Die in G holomorphe und auf $\overline{G}$ stetige Funktion Ψ_0 soll dabei die Erfüllung der Randbedingung (6.8) gewährleisten.

Hingegen sorgen die Funktionen $\widetilde{T}_G^{(2n)}[B\,\overline{f}]$ und $\widetilde{T}_G^{(2n)}[R]$ dafür, dass die Funktionen $T_G[B\,\overline{f}]$ und $T_G[R]$ unter der Randbedingung (6.8) verschwinden.

Mit dem Ansatz (6.9) erscheint die Integralgleichung (6.6) dann für $z \in \overline{G}$ in der Form

$$f(z) + P_n[B\,\overline{f}](z) = P_n[R](z) + \Psi_0(z) \,. \qquad (6.10)$$

Dabei erklären wir den Integraloperator P_n für eine Funktion $g \in C(\overline{G})$ durch

$$P_n[g](z) = T_G[g](z) - \widetilde{T}_G^{(2n)}[g](z) = -\frac{1}{\pi} \iint\limits_G \left(\frac{g(\zeta)}{\zeta - z} + \frac{z^{2n+1}\,\overline{g(\zeta)}}{1 - \overline{\zeta}z} \right) \mathrm{d}\xi\,\mathrm{d}\eta \qquad (6.11)$$

für $z \in \mathbb{C}$.

Definition 6.1 (RHV-Operator der Ordnung n). Wir bezeichnen den Operator P_n aus (6.11) als RHV-Operator der Ordnung n.

Wegen (4.42) gilt insbesondere

$$P_n[g](z) = T_G[g](z) - z^{2n}\,\widetilde{T}_G[g](z) = T_G[g](z) - z^{2n}\,\overline{T_G[g]\left(\frac{1}{\overline{z}}\right)}$$

für jedes $z \in \mathbb{C} \setminus \{0\}$ und wir berechnen

$$z^{-n}P_n[g](z) = z^{-n}\,T_G[g](z) - z^n\,\overline{T_G[g]\left(\frac{1}{\overline{z}}\right)}$$

$$= z^{-n}\,T_G[g](z) - \overline{z^{-n}\,T_G[g]\,(z)} = 2\mathrm{i}\,\mathrm{Im}\left\{ z^{-n}\,T_G[g](z) \right\}$$

für alle $z \in \Gamma$. Dabei haben wir genutzt, dass $z^{-k} = \overline{z^k}$ für jedes $z \in \Gamma$ und $k \in \mathbb{Z}$ richtig ist.

Demnach gilt also

$$\mathrm{Re}\{z^{-n}P_n[g](z)\} = 0 \qquad (6.12)$$

für jedes $g \in C(\overline{G})$ und alle $z \in \Gamma$.

Verwenden wir diese Eigenschaft, ergibt sich für eine Lösung f der komplexen Integralgleichung (6.10) für alle $z \in \Gamma$

$$\mathrm{Re}\{z^{-n}f(z)\} = \mathrm{Re}\{z^{-n}P_n[R](z) - z^{-n}P_n[B\,\overline{f}](z) + z^{-n}\,\Psi_0(z)\}$$

$$= \mathrm{Re}\{z^{-n}P_n[R](z)\} - \mathrm{Re}\{z^{-n}P_n[B\,\overline{f}](z)\} + \mathrm{Re}\{z^{-n}\,\Psi_0(z)\}$$

$$= \mathrm{Re}\{z^{-n}\,\Psi_0(z)\} \,.$$

Die Lösung f erfüllt also genau dann die Randbedingung (6.8), wenn auch Ψ_0 diese erfüllt.

Dementsprechend suchen wir eine in G holomorphe und auf $\overline{G}$ stetige Funktion Ψ_0, die der Randbedingung

$$\operatorname{Re}\{z^{-n}\,\Psi_0(z)\} = \gamma(z)$$

für $z \in \Gamma$ genügt. Wir erkennen darin das klassische Riemann-Hilbertsche Randwertproblem zum Index $n \in \mathbb{N} \cup \{0\}$ aus dem Abschnitt 5.2. Nach dem Satz 5.2 besitzt Ψ_0 somit die Darstellung

$$\Psi_0(z) = \frac{z^n}{2\pi i} \int\limits_{\Gamma} \frac{\zeta + z}{\zeta - z}\, \gamma(\zeta)\, \frac{\mathrm{d}\zeta}{\zeta} + \sum_{k=0}^{2n} c_k z^k \tag{6.13}$$

für $z \in G$, die stetig auf $\overline{G}$ fortsetzbar ist. Die komplexen Koeffizienten $c_k \in \mathbb{C}$ werden dabei der Bedingung

$$c_{2n-k} = -\overline{c}_k$$

für $k = 0, 1, \dots, n$ unterworfen.

Gemeinsam mit den Sätzen 6.2 und 6.3 fassen wir unsere Gedanken folgendermaßen zusammen.

Satz 6.4. *Eine Funktion $f \in C(\overline{G}, \mathbb{C})$ ist unter den Voraussetzungen 2 dann eine Lösung des kanonischen RHV-Problems zum Index $n \in \mathbb{N} \cup \{0\}$, wenn komplexe Konstanten $c_k \in \mathbb{C}$, $k = 0, 1, \dots, 2n$, mit*

$$c_{2n-k} = -\overline{c}_k$$

für $k = 0, 1, \dots, n$ existieren, sodass f die komplexe Integralgleichung

$$f(z) + P_n[B\,\overline{f}](z) = P_n[R](z) + \frac{z^n}{2\pi i} \int\limits_{\Gamma} \frac{\zeta + z}{\zeta - z}\, \gamma(\zeta)\, \frac{\mathrm{d}\zeta}{\zeta} + \sum_{k=0}^{2n} c_k z^k \tag{6.14}$$

für $z \in \overline{G}$ löst.

Bestimmen wir im Satz 6.1 die Funktion Ψ über den Ansatz (6.9), gelangen wir mit einer analogen Argumentation zur Darstellung (6.13) für Ψ_0. Somit kann der Satz 6.4 auch zu einer Äquivalenzaussage erweitert werden.

Satz 6.5. *Eine Funktion $f \in C(\overline{G}, \mathbb{C}) \cap C^1(G, \mathbb{C})$ ist unter den Voraussetzungen 2 genau dann eine Lösung des kanonischen RHV-Problems zum Index $n \in \mathbb{N} \cup \{0\}$, wenn komplexe Konstanten $c_k \in \mathbb{C}$, $k = 0, 1, \dots, 2n$, mit*

$$c_{2n-k} = -\overline{c}_k$$

für $k = 0, 1, \dots, n$ existieren, sodass f die komplexe Integralgleichung

$$f(z) + P_n[B\,\overline{f}](z) = P_n[R](z) + \frac{z^n}{2\pi i} \int\limits_{\Gamma} \frac{\zeta + z}{\zeta - z}\, \gamma(\zeta)\, \frac{\mathrm{d}\zeta}{\zeta} + \sum_{k=0}^{2n} c_k z^k \tag{6.15}$$

für $z \in \overline{G}$ löst.

Unter Beachtung der Bemerkung 6.1 bleibt bisher die Frage offen, ob die komplexe Integralgleichung (6.15) überhaupt eine Lösung im Banachraum $C(\overline{G}, \mathbb{C})$ besitzt.

6.3 Die Lösbarkeit der Integralgleichung und ihre Folgen

Wir wollen nun die Frage nach der Lösbarkeit der komplexen Integralgleichung (6.15) unter den Voraussetzungen 2 beantworten. Dabei folgen wir auch hier in Teilen den Ausführungen von [Ve63, Kap. IV, § 7].

Da es sich anbietet, untersuchen wir mit $g \in C(\overline{G})$ die allgemeinere Integralgleichung

$$f(z) + P_n[B\,\overline{f}](z) = g(z) \tag{6.16}$$

für $z \in \overline{G}$ auf ihre Lösbarkeit.

Wir wollen die Lösbarkeit der Integralgleichung (6.16) für jede rechte Seite $g \in C(\overline{G})$ mit funktionalanalytischen Methoden im Banachraum $C(\overline{G})$ zeigen.

Zunächst treffen wir dazu einige Vorbereitungen.

Definition 6.2 (Durch B induzierter RHV-Operator der Ordnung n). Es sei $B \in C(\overline{G}, \mathbb{C})$ vorgelegt. Dann erklären wir mittels

$$Q_n[f] = P_n[B\,\overline{f}]$$

den durch B induzierten RHV-Operator der Ordnung n.

Da der Operator Q_n aus dem Vekuaschen Integraloperator T_G und dem assoziierten Vekuaschen Integraloperator der Ordnung $2n$ $\widetilde{T}_G^{(2n)}$ hervorgeht, ist das folgende Ergebnis nicht überraschend.

Satz 6.6. *Es seien die offene Einheitskreisscheibe G sowie die Funktion $B \in C(\overline{G}, \mathbb{C})$ und $n \in \mathbb{N} \cup \{0\}$ gegeben. Zu jedem $\kappa \in (0,1)$ existieren dann Konstanten $M_1(\kappa) > 0$ und $M_2^{(n)}(\kappa) > 0$, sodass für jedes $f \in C(\overline{G})$ die Abschätzungen*

$$|Q_n[f](z)| \leq M_1(\kappa)\,\|B\|_{C(\overline{G})}\,\|f\|_{C(\overline{G})} \tag{6.17}$$

$$|Q_n[f](z_1) - Q_n[f](z_2)| \leq M_2^{(n)}(\kappa)\,\|B\|_{C(\overline{G})}\,\|f\|_{C(\overline{G})}\,|z_1 - z_2|^\kappa$$

für alle $z, z_1, z_2 \in \overline{G}$ richtig sind.

Beweis. Es sei $\kappa \in (0,1)$ beliebig gewählt. Wir folgern die Abschätzungen direkt aus den Sätzen 4.2 und 4.8.

Mit den Konstanten $\widehat{M}_1(\kappa) > 0$ sowie $\widetilde{M}_1(\kappa) > 0$ aus den Abschätzungen (4.25) beziehungsweise (4.56) ermitteln wir für alle $z \in \overline{G}$ sofort

$$\begin{aligned}
|Q_n[f](z)| = \left|P_n[B\,\overline{f}](z)\right| &\leq \left|T_G[B\,\overline{f}](z)\right| + \left|\widetilde{T}_G^{(2n)}[B\,\overline{f}](z)\right| \\
&\leq \widehat{M}_1(\kappa)\left\|B\,\overline{f}\right\|_{C(\overline{G})} + \widetilde{M}_1(\kappa)\left\|B\,\overline{f}\right\|_{C(\overline{G})} \\
&\leq M_1(\kappa)\,\|B\|_{C(\overline{G})}\,\|f\|_{C(\overline{G})} \ .
\end{aligned}$$

Dabei haben wir $M_1(\kappa) = \widehat{M}_1(\kappa) + \widetilde{M}_1(\kappa)$ gesetzt.

Analog ergibt sich unter Verwendung der Konstanten $\widehat{M}_2(\kappa) > 0$ und $\widetilde{M}_2^{(2n)}(\kappa) > 0$ aus (4.26) sowie (4.57) mit $M_2^{(n)}(\kappa) = \widehat{M}_2(\kappa) + \widetilde{M}_2^{(2n)}(\kappa)$

$$
\begin{aligned}
|Q_n[f](z_1) &- Q_n[f](z_2)| \\
&= \left| T_G[B\,\overline{f}](z_1) - \widetilde{T}_G^{(2n)}[B\,\overline{f}](z_1) - T_G[B\,\overline{f}](z_2) + \widetilde{T}_G^{(2n)}[B\,\overline{f}](z_2) \right| \\
&\leq \left| T_G[B\,\overline{f}](z_1) - T_G[B\,\overline{f}](z_2) \right| + \left| \widetilde{T}_G^{(2n)}[B\,\overline{f}](z_1) - \widetilde{T}_G^{(2n)}[B\,\overline{f}](z_2) \right| \\
&\leq \widehat{M}_2(\kappa) \left\| B\,\overline{f} \right\|_{C(\overline{G})} |z_1 - z_2|^{\kappa} + \widetilde{M}_2^{(2n)}(\kappa) \left\| B\,\overline{f} \right\|_{C(\overline{G})} |z_1 - z_2|^{\kappa} \\
&\leq M_2^{(n)}(\kappa) \|B\|_{C(\overline{G})} \|f\|_{C(\overline{G})} |z_1 - z_2|^{\kappa}
\end{aligned}
$$

für alle $z_1, z_2 \in \overline{G}$. □

Mit dem Satz 2.4 sehen wir dann auch die Vollstetigkeit des Operators Q_n ein.

Satz 6.7. *Der Operator* $Q_n \colon C(\overline{G}, \mathbb{C}) \to C(\overline{G}, \mathbb{C})$ *ist vollstetig.*

Wir fassen die komplexe Integralgleichung (6.16) nun als Operatorgleichung

$$ f + Q_n[f] = g \tag{6.18} $$

im Banachraum $C(\overline{G}, \mathbb{C})$ auf.

Da mit Q_n auch $-Q_n$ ein vollstetiger Operator ist, können wir auf die Operatorgleichung (6.18) den Satz 2.5 anwenden. Zeigen wir also, dass die homogene Operatorgleichung

$$ f + Q_n[f] = 0 \tag{6.19} $$

nur die triviale Lösung $f \equiv 0$ besitzt, dann ist die Operatorgleichung (6.18) für jede rechte Seite $g \in C(\overline{G}, \mathbb{C})$ lösbar.

Sei nun $f \in C(\overline{G}, \mathbb{C})$ eine Lösung der homogenen Operatorgleichung (6.19). Es gilt also

$$ f(z) + Q_n[f](z) = 0 $$

beziehungsweise

$$ f(z) + T_G[B\,\overline{f}](z) = \widetilde{T}_G^{(2n)}[B\,\overline{f}](z) $$

für $z \in \overline{G}$.

Wir multiplizieren diese Gleichung jetzt für $z \in \Gamma$ mit

$$ \frac{1}{2\pi i} \frac{1}{z - s}, $$

wobei $s \in G$ sein soll.

Eine anschließende Integration nach z entlang des Randes Γ führt dann zu

$$ \frac{1}{2\pi i} \int_{\Gamma} \frac{f(z)}{z - s}\, dz + \frac{1}{2\pi i} \int_{\Gamma} \frac{T_G[B\,\overline{f}](z)}{z - s}\, dz = \frac{1}{2\pi i} \int_{\Gamma} \frac{\widetilde{T}_G^{(2n)}[B\,\overline{f}](z)}{z - s}\, dz . $$

Einerseits erfüllt die Funktion $B\overline{f}$ nun die Voraussetzungen des Lemmas 4.4 und andererseits ist die Funktion $\widetilde{T}_G^{(2n)}[B\,\overline{f}]$ nach dem Satz 4.5 in G holomorph und nach dem Satz 4.7 auf $\overline{G}$ stetig. Wir können daher auf der linken Seite das Lemma 4.4 und auf der rechten die Cauchysche Integralformel (Satz 2.11) anwenden und erhalten

$$\frac{1}{2\pi i}\int_\Gamma \frac{f(z)}{z-s}\,dz = \widetilde{T}_G^{(2n)}[B\,\overline{f}](s) = \frac{s^{2n+1}}{\pi}\iint_G \frac{\overline{B(\zeta)}\,f(\zeta)}{1-\overline{\zeta}s}\,d\xi\,d\eta \qquad (6.20)$$

für alle $s \in G$.

Als Nächstes beachten wir das folgende Lemma, welches wir in (6.20) verwenden wollen. Dieses entnehmen wir [Sa14, Kap. I, § 6, Satz 7].

Lemma 6.1 (Geometrische Reihe). *Es gilt die Reihendarstellung*

$$\frac{1}{1-z} = \sum_{k=0}^{\infty} z^k$$

für alle $z \in \mathbb{C}$ mit $|z| < 1$.

Innerhalb des linken Integrals von (6.20) gilt nun $|z| = 1$ für alle $z \in \Gamma$ und $|s| < 1$ für jedes $s \in G$. Wir erhalten wegen $|s/z| < 1$ daher mit dem Lemma 6.1

$$\frac{1}{z-s} = \frac{1}{z}\frac{1}{1-\frac{s}{z}} = \frac{1}{z}\sum_{k=0}^{\infty}\left(\frac{s}{z}\right)^k = \sum_{k=0}^{\infty}\frac{s^k}{z^{k+1}}$$

und

$$\frac{1}{2\pi i}\int_\Gamma \frac{f(z)}{z-s}\,dz = \sum_{k=0}^{\infty} s^k \left(\frac{1}{2\pi i}\int_\Gamma \frac{f(z)}{z^{k+1}}\,dz\right) \qquad (6.21)$$

für $s \in G$.

Da im rechten Integral von (6.20) zudem $\left|\overline{\zeta}\right| = |\zeta| < 1$ für alle $\zeta \in G$ sowie $|s| < 1$ für jedes $s \in G$ richtig ist, folgt $\left|\overline{\zeta}s\right| < 1$ und mit dem Lemma 6.1

$$\frac{1}{1-\overline{\zeta}s} = \sum_{k=0}^{\infty}(s\,\overline{\zeta})^k = \sum_{k=0}^{\infty} s^k\,\overline{\zeta}^k\ .$$

Daraus ergibt sich

$$\frac{s^{2n+1}}{\pi}\iint_G \frac{\overline{B(\zeta)}\,f(\zeta)}{1-\overline{\zeta}s}\,d\xi\,d\eta = \sum_{k=0}^{\infty} s^{2n+1+k}\left(\frac{1}{\pi}\iint_G \overline{B(\zeta)}\,f(\zeta)\,\overline{\zeta}^k\,d\xi\,d\eta\right) \qquad (6.22)$$

für alle $s \in G$.

Nutzen wir schließlich (6.21) und (6.22) in (6.20), folgt für $s \in G$

$$\sum_{k=0}^{\infty} s^k\left(\frac{1}{2\pi i}\int_\Gamma \frac{f(z)}{z^{k+1}}\,dz\right) = \sum_{k=0}^{\infty} s^{2n+1+k}\left(\frac{1}{\pi}\iint_G \overline{B(\zeta)}\,f(\zeta)\,\overline{\zeta}^k\,d\xi\,d\eta\right)\ .$$

Um nun die Gleichheit der beiden Reihen zu gewährleisten, müssen die Koeffizienten für $k = 0, \ldots, 2n$ in der linken Reihe verschwinden, das heißt

$$\frac{1}{2\pi \mathrm{i}} \int_\Gamma \frac{f(z)}{z^{k+1}} \, \mathrm{d}z = 0$$

für $k = 0, \ldots, 2n$.

Mit der üblichen Substitution $z = \mathrm{e}^{\mathrm{i}\varphi}$, $\varphi \in [0, 2\pi)$ und $z'(\varphi) = \mathrm{i}\mathrm{e}^{\mathrm{i}\varphi}$ erscheinen diese Bedingungen in der Form

$$0 = \frac{1}{2\pi \mathrm{i}} \int_\Gamma \frac{f(z)}{z^{k+1}} \, \mathrm{d}z = \frac{1}{2\pi \mathrm{i}} \int_0^{2\pi} \frac{f(\mathrm{e}^{\mathrm{i}\varphi})}{\mathrm{e}^{\mathrm{i}(k+1)\varphi}} \mathrm{i}\mathrm{e}^{\mathrm{i}\varphi} \, \mathrm{d}\varphi = \frac{1}{2\pi} \int_0^{2\pi} f(\mathrm{e}^{\mathrm{i}\varphi}) \, \mathrm{e}^{-\mathrm{i}k\varphi} \, \mathrm{d}\varphi$$

für $k = 0, \ldots, 2n$.

Wir merken uns dieses Ergebnis.

Lemma 6.2. *Sei $f \in C(\overline{G}, \mathbb{C})$ eine Lösung der homogenen Operatorgleichung*

$$f + Q_n[f] = 0 \ .$$

Dann folgt

$$\frac{1}{2\pi} \int_0^{2\pi} f(\mathrm{e}^{\mathrm{i}\varphi}) \, \mathrm{e}^{-\mathrm{i}k\varphi} \, \mathrm{d}\varphi = 0$$

für $k = 0, \ldots, 2n$.

Gleichzeitig erinnern wir uns daran, dass $f \in C(\overline{G}, \mathbb{C})$ als Lösung der Integralgleichung

$$f(z) + Q_n[f](z) = 0 \tag{6.23}$$

beziehungsweise

$$f(z) + T_G[B\overline{f}](z) = \tilde{T}_G^{(2n)}[B\overline{f}](z)$$

für $z \in \overline{G}$ nach dem Satz 6.3 auch die Differentialgleichung

$$f_{\overline{z}} + B\overline{f} = 0$$

in G erfüllt.

Zudem folgt aus der Integralgleichung (6.23) unter Beachtung von (6.12)

$$\mathrm{Re}\{z^{-n} f(z)\} = \mathrm{Re}\{-z^{-n} Q_n[f](z)\} = -\mathrm{Re}\{z^{-n} P_n[B\overline{f}](z)\} = 0 \tag{6.24}$$

für alle $z \in \Gamma$.

Wir nehmen nun an, es existiert eine Lösung f mit $f \not\equiv 0$ in $\overline{G}$. Nach dem Satz 5.7 gibt es dann eine in G holomorphe und auf $\overline{G}$ stetige Funktion Ψ, sodass f die implizite Darstellung

$$f(z) = \Psi(z) \, \mathrm{e}^{-T_G[F](z)}$$

für $z \in \overline{G}$ besitzt. Dabei haben wir

$$F(z) = B(z) \, \frac{\overline{f(z)}}{f(z)}$$

für $z \in G$ gesetzt. Mit dem Lemma 5.4 bemerken wir, dass F für jedes $p \in [1, \infty)$ zur Klasse $L^p(G)$ gehört.

Somit ist die Funktion $\widetilde{T}_G[F]$ nach dem Lemma 4.6 holomorph in G und nach dem Satz 4.6 stetig auf $\overline{G}$. Wegen $\exp(-\widetilde{T}_G[F](z)) \neq 0$ für alle $z \in \overline{G}$ machen wir für Ψ den Ansatz

$$\Psi(z) = \Psi_0(z) \, e^{-\widetilde{T}_G[F](z)}$$

für $z \in \overline{G}$, wobei Ψ_0 in G holomorph und auf $\overline{G}$ stetig ist.

Eine Lösung $f \not\equiv 0$ erscheint daher mit $o(z) = -\widetilde{T}_G[F](z) - T_G[F](z)$ in der Form

$$f(z) = \Psi_0(z) \, e^{-\widetilde{T}_G[F](z)} \, e^{-T_G[F](z)} = \Psi_0(z) \, e^{o(z)} \tag{6.25}$$

für $z \in \overline{G}$. Für jedes $z \in \Gamma$ bemerken wir mit (4.42)

$$o(z) = -\widetilde{T}_G[F](z) - T_G[F](z) = -\overline{T_G[F]\left(\frac{1}{\overline{z}}\right)} - T_G[F](z)$$

$$= -\overline{T_G[F](z)} - T_G[F](z) = -2\operatorname{Re}\{T_G[F](z)\} \ .$$

Es gilt also

$$\operatorname{Im}\{o(z)\} = 0 \tag{6.26}$$

für alle $z \in \Gamma$.

Unter Verwendung der Darstellung (6.25) in der Randbedingung (6.24) ergibt sich damit

$$0 = \operatorname{Re}\{z^{-n} f(z)\} = \operatorname{Re}\{z^{-n} \Psi_0(z) \, e^{o(z)}\} = e^{o(z)} \operatorname{Re}\{z^{-n} \Psi_0(z)\}$$

beziehungsweise

$$\operatorname{Re}\{z^{-n} \Psi_0(z)\} = 0$$

für $z \in \Gamma$.

Eine in G holomorphe Funktion Ψ_0, die dieser Randbedingung genügt, ist eine Lösung des klassischen Riemann-Hilbertschen Randwertproblems zum Index n. Daher hat Ψ_0 nach dem Satz 5.2 die Darstellung

$$\Psi_0(z) = \sum_{k=0}^{2n} c_k z^k$$

für $z \in \overline{G}$, wobei die Konstanten $c_k \in \mathbb{C}$ der Bedingung

$$c_{2n-k} = -\overline{c}_k$$

für $k = 0, 1, \ldots, n$ genügen.

Somit hat eine Lösung $f \not\equiv 0$ der Integralgleichung (6.23) die implizite Darstellung

$$f(z) = \left(\sum_{j=0}^{2n} c_j z^j \right) e^{o(z)} \tag{6.27}$$

für $z \in \overline{G}$.

Wir wollen nun die Koeffizienten $c_j \in \mathbb{C}$ noch weiter betrachten. Dazu kombinieren wir die Darstellung (6.27) mit dem Lemma 6.2 und ermitteln für $k = 0, \ldots, 2n$

$$0 = \frac{1}{2\pi} \int_0^{2\pi} f(e^{i\varphi}) \, e^{-ik\varphi} \, d\varphi = \frac{1}{2\pi} \int_0^{2\pi} \left(\sum_{j=0}^{2n} c_j \, e^{ij\varphi} \right) e^{o(e^{i\varphi})} \, e^{-ik\varphi} \, d\varphi \, .$$

Darin erkennen wir das homogene lineare Gleichungssystem

$$\sum_{j=0}^{2n} \left(\frac{1}{2\pi} \int_0^{2\pi} e^{ij\varphi} \, e^{-ik\varphi} \, e^{o(e^{i\varphi})} \, d\varphi \right) c_j = 0 \qquad (k = 0, \ldots, 2n) \tag{6.28}$$

für den Vektor $(c_0, c_1, \ldots, c_{2n}) \in \mathbb{C}^{2n+1}$.

Wir untersuchen den Lösungsraum dieses Gleichungssystems, indem wir die Determinante der Koeffizientenmatrix betrachten. Zunächst zeigen wir ein Ergebnis über die sogenannte Gramsche Determinante.

Lemma 6.3. *Es seien die Elemente* $g_1, \ldots, g_N$ *die Basis* $\mathcal{B}$ *eines* N-*dimensionalen* $\mathbb{C}$-*Vektorraums* $\mathcal{V}$ *und* $\langle \cdot, \cdot \rangle : \mathcal{V} \times \mathcal{V} \to \mathbb{C}$ *ein Skalarprodukt auf* $\mathcal{V}$. *Dann gilt*

$$\det \begin{pmatrix} \langle g_1, g_1 \rangle & \langle g_2, g_1 \rangle & \cdots & \langle g_N, g_1 \rangle \\ \langle g_1, g_2 \rangle & \langle g_2, g_2 \rangle & \cdots & \langle g_N, g_2 \rangle \\ \vdots & \vdots & \ddots & \vdots \\ \langle g_1, g_N \rangle & \langle g_2, g_N \rangle & \cdots & \langle g_N, g_N \rangle \end{pmatrix} \neq 0 \, . \tag{6.29}$$

Beweis. Da $g_1, \ldots, g_N$ eine Basis $\mathcal{B}$ von $\mathcal{V}$ bilden, gibt es zu jedem $g \in \mathcal{V}$ eindeutige Koeffizienten $\iota_1, \ldots, \iota_N \in \mathbb{C}$, sodass

$$g = \sum_{k=1}^{N} \iota_k \, g_k$$

gilt. Wir halten dabei fest, dass es bezüglich einer Basis $\mathcal{B}$ zu jedem $g \in \mathcal{V}$ ein eindeutiges N-Tupel $(\iota_1, \ldots, \iota_N) \in \mathbb{C}^N$ gibt und umgekehrt. Insbesondere bemerken wir

$$g = 0 \quad \Leftrightarrow \quad \iota_1 = \ldots = \iota_N = 0 \, . \tag{6.30}$$

Für das Skalarprodukt eines Vektors $g \in \mathcal{V}$ mit einem der Basisvektoren g_j ergibt sich

$$\langle g, g_j \rangle = \left\langle \sum_{k=1}^{N} \iota_k \, g_k, g_j \right\rangle = \sum_{k=1}^{N} \iota_k \, \langle g_k, g_j \rangle \tag{6.31}$$

für $j = 1, \ldots, N$.

Wir fassen die N Gleichungen (6.31) als ein lineares Gleichungssystem auf. Die eindeutige Lösbarkeit dieses Systems ist äquivalent dazu, dass das zugehörige homogene Gleichungssystem nur die triviale Lösung besitzt. Dies ist wiederum genau dann erfüllt, wenn (6.29) gilt.

Wir betrachten also den Lösungsraum $\mathbb{L}_0 \subset \mathbb{C}^N$ des homogenen Gleichungssystems

$$\sum_{k=1}^{N} \langle g_k, g_j \rangle \, \iota_k = 0 \qquad (j = 1, \ldots, N) \, .$$

Aufgrund von (6.31) erzeugt jedes N-Tupel $(\iota_1, \ldots, \iota_N) \in \mathbb{L}_0$ ein $g \in \mathcal{V}$ mit

$$g = \sum_{k=1}^{N} \iota_k \, g_k \, ,$$

sodass

$$\langle g, g_j \rangle = \sum_{k=1}^{N} \iota_k \, \langle g_k, g_j \rangle = 0$$

für $j = 1, \ldots, N$ richtig ist. Speziell können wir daher

$$0 = \sum_{j=1}^{N} \overline{\iota_j} \, \langle g, g_j \rangle = \left\langle g, \sum_{j=1}^{N} \iota_j \, g_j \right\rangle = \langle g, g \rangle$$

berechnen, was bedeutet, dass $g = 0$ sein muss, wenn $(\iota_1, \ldots, \iota_N) \in \mathbb{L}_0$ ist. Wegen (6.30) folgt hieraus, dass nur die triviale Lösung das homogene Gleichungssystem löst. Die Aussage ist damit bewiesen. $\qquad\square$

Bemerkung 6.2. Theoretisch genügt es im Lemma 6.3 die lineare Unabhängigkeit von Vektoren $g_1, \ldots, g_N$ zu fordern, da jede Menge linear unabhängiger Vektoren einen Untervektorraum erzeugt, dessen Basis sie bildet.

Auch ist es möglich das Ergebnis insofern zu erweitern, dass eine Äquivalenz zwischen (6.29) und der linearen Unabhängigkeit von $g_1, \ldots, g_N$ gezeigt werden kann. Für unsere Zwecke genügt jedoch die vorliegende Aussage. Eine Behandlung der Äquivalenz auch in Bezug auf Hilberträume findet sich in [AG75, Kap. I, Abschnitt 7].

Um das Lemma 6.3 anwenden zu können, zeigen wir noch, dass durch das Integral in (6.28) ein Skalarprodukt induziert wird.

Lemma 6.4. *Sei $\chi(\varphi)$ eine auf dem Intervall $[0, 2\pi]$ positive stetige Funktion, das heißt $\chi(\varphi) > 0$ für alle $\varphi \in [0, 2\pi]$. Dann wird durch*

$$\langle g_1, g_2 \rangle_\chi = \frac{1}{2\pi} \int_0^{2\pi} g_1(\varphi) \, \overline{g_2(\varphi)} \, \chi(\varphi) \, \mathrm{d}\varphi$$

für alle $g_1, g_2 \in \mathcal{V}^{(N)}$ ein Skalarprodukt auf dem Vektorraum

$$\mathcal{V}^{(N)} = \left\{ g \in C([0, 2\pi], \mathbb{C}) : g(\varphi) = \sum_{j=0}^{N} \iota_j \, \mathrm{e}^{\mathrm{i}j\varphi} \, , \, \iota_j \in \mathbb{C} \, , \, j = 0, \ldots, N \right\}$$

definiert.

Beweis. Wir berechnen sofort

$$\langle \iota_1 g_1 + \iota_2 g_2, g_3 \rangle_\chi = \frac{1}{2\pi} \int_0^{2\pi} (\iota_1 g_1(\varphi) + \iota_2 g_2(\varphi)) \, \overline{g_3(\varphi)} \, \chi(\varphi) \, \mathrm{d}\varphi$$

$$= \frac{\iota_1}{2\pi} \int_0^{2\pi} g_1(\varphi) \, \overline{g_3(\varphi)} \, \chi(\varphi) \, \mathrm{d}\varphi + \frac{\iota_2}{2\pi} \int_0^{2\pi} g_2(\varphi) \, \overline{g_3(\varphi)} \, \chi(\varphi) \, \mathrm{d}\varphi$$

$$= \iota_1 \langle g_1, g_3 \rangle_\chi + \iota_2 \langle g_2, g_3 \rangle_\chi$$

beziehungsweise

$$\langle g_1, \iota_2 g_2 + \iota_3 g_3 \rangle_\chi = \frac{1}{2\pi} \int_0^{2\pi} g_1(\varphi) \, \overline{(\iota_2 g_2(\varphi) + \iota_3 g_3(\varphi))} \, \chi(\varphi) \, \mathrm{d}\varphi$$

$$= \frac{\overline{\iota_2}}{2\pi} \int_0^{2\pi} g_1(\varphi) \, \overline{g_2(\varphi)} \, \chi(\varphi) \, \mathrm{d}\varphi + \frac{\overline{\iota_3}}{2\pi} \int_0^{2\pi} g_1(\varphi) \, \overline{g_3(\varphi)} \, \chi(\varphi) \, \mathrm{d}\varphi$$

$$= \overline{\iota_2} \langle g_1, g_2 \rangle_\chi + \overline{\iota_3} \langle g_1, g_3 \rangle_\chi$$

für alle $g_1, g_2, g_3 \in \mathcal{V}^{(N)}$ sowie $\iota_1, \iota_2, \iota_3 \in \mathbb{C}$ und erkennen somit die Linearität im ersten Eintrag beziehungsweise die Semilinearität im zweiten Eintrag.

Die hermitesche Eigenschaft des Skalarproduktes ist durch

$$\langle g_1, g_2 \rangle_\chi = \frac{1}{2\pi} \int_0^{2\pi} g_1(\varphi) \, \overline{g_2(\varphi)} \, \chi(\varphi) \, \mathrm{d}\varphi = \frac{1}{2\pi} \int_0^{2\pi} \overline{\overline{g_1(\varphi)} \, g_2(\varphi) \, \overline{\chi(\varphi)}} \, \mathrm{d}\varphi$$

$$= \frac{1}{2\pi} \int_0^{2\pi} g_2(\varphi) \, \overline{g_1(\varphi)} \, \chi(\varphi) \, \mathrm{d}\varphi = \overline{\langle g_2, g_1 \rangle_\chi}$$

gegeben, wobei wir $\overline{\chi(\varphi)} = \chi(\varphi)$ verwendet haben.

Wir zeigen nun noch die positive Definitheit. Dazu betrachten wir zunächst für ein beliebiges $g \in \mathcal{V}^{(N)}$

$$\langle g, g \rangle_\chi = \frac{1}{2\pi} \int_0^{2\pi} g(\varphi) \, \overline{g(\varphi)} \, \chi(\varphi) \, \mathrm{d}\varphi = \frac{1}{2\pi} \int_0^{2\pi} |g(\varphi)|^2 \, \chi(\varphi) \, \mathrm{d}\varphi \geq 0 \,,$$

da $|g(\varphi)|^2 \, \chi(\varphi) \geq 0$ für alle $\varphi \in [0, 2\pi]$ ist. Es verbleibt die Äquivalenz

$$g \equiv 0 \quad \Leftrightarrow \quad \langle g, g \rangle_\chi = 0$$

zu beweisen. Einerseits folgt aus $g \equiv 0$ wegen $|g(\varphi)|^2 \, \chi(\varphi) = 0$ für alle $\varphi \in [0, 2\pi]$ direkt $\langle g, g \rangle_\chi = 0$.

Gäbe es andererseits ein $g \in \mathcal{V}^{(N)}$ mit $\langle g, g \rangle_\chi = 0$ und $g(\varphi) \neq 0$ für ein $\varphi \in [0, 2\pi]$, so können wir zunächst aufgrund der Stetigkeit von g auch annehmen, dass $g(\varphi_0) \neq 0$ für ein $\varphi_0 \in (0, 2\pi)$ gilt. Wiederum aus der Stetigkeit folgt die Existenz einer Konstante $\varrho > 0$, sodass $[\varphi_0 - \varrho, \varphi_0 + \varrho] \subset [0, 2\pi]$ und $g(\varphi_0) \neq 0$ für alle $\varphi \in [\varphi_0 - \varrho, \varphi_0 + \varrho]$ ist.

Zudem ist mit g und χ auch $|g|^2 \chi$ stetig und wir finden wegen $|g(\varphi)|^2 \chi(\varphi) > 0$ auf $[\varphi_0 - \varrho, \varphi_0 + \varrho]$ nach dem Fundamentalsatz von Weierstraß über Maxima und Minima ein $\epsilon > 0$ derart, dass

$$|g(\varphi)|^2 \chi(\varphi) \geq \epsilon > 0$$

für alle $\varphi \in [\varphi_0 - \varrho, \varphi_0 + \varrho]$ ist.

Unter Beachtung von $|g(\varphi)|^2 \chi(\varphi) \geq 0$ für alle $\varphi \in [0, 2\pi]$ berechnen wir schließlich

$$\langle g, g \rangle_\chi = \frac{1}{2\pi} \int_0^{2\pi} |g(\varphi)|^2 \chi(\varphi) \, \mathrm{d}\varphi \geq \frac{1}{2\pi} \int_{\varphi_0 - \varrho}^{\varphi_0 + \varrho} |g(\varphi)|^2 \chi(\varphi) \, \mathrm{d}\varphi \geq \frac{1}{2\pi} \int_{\varphi_0 - \varrho}^{\varphi_0 + \varrho} \epsilon \, \mathrm{d}\varphi \geq \frac{\epsilon \varrho}{\pi} > 0,$$

das heißt, aus $\langle g, g \rangle_\chi = 0$ muss $g \equiv 0$ folgen. $\qquad\square$

Da die Funktion $\tilde{o}(\varphi) = o(\mathrm{e}^{\mathrm{i}\varphi})$ auf dem Intervall $[0, 2\pi]$ unter Beachtung von (6.26) positiv und stetig ist, können wir die Lemmata 6.3 und 6.4 auf das Gleichungssystem (6.28) anwenden. Es gilt also

$$c_j = 0$$

für $j = 0, 1, \ldots, 2n$.

Daher folgt aus der Darstellung (6.27) direkt $f \equiv 0$. Dies steht im Widerspruch zur Annahme $f \not\equiv 0$ in $\overline{G}$.

Wir sehen damit, dass nur die triviale Lösung $f \equiv 0$ die homogene Operatorgleichung (6.19) beziehungsweise die Integralgleichung (6.23) löst. Mithilfe des Satzes 2.5 gelangen wir deshalb zu folgender Aussage.

Satz 6.8. *Es seien die Voraussetzungen 2 erfüllt und $n \in \mathbb{N} \cup \{0\}$ vorgelegt. Dann existiert zu jeder gegebenen Funktion $g \in C(\overline{G}, \mathbb{C})$ genau eine Funktion $f \in C(\overline{G}, \mathbb{C})$, sodass*

$$f(z) + P_n[B\,\overline{f}](z) = g(z)$$

für alle $z \in \overline{G}$ richtig ist.

Da die rechte Seite in (6.14) eine auf $\overline{G}$ stetige Funktion ist, finden wir also immer genau eine Funktion $f \in C(\overline{G}, \mathbb{C})$, die (6.14) erfüllt.

Aufgrund des Satzes 6.4 und der Ausführungen im Abschnitt 5.5 können wir somit die entscheidende Frage nach der Lösbarkeit des RHV-Randwertproblems in folgender Weise beantworten.

Satz 6.9. *Unter den Voraussetzungen 2 ist das Riemann-Hilbert-Vekuasche Randwertproblem zum Index $n \in \mathbb{N} \cup \{0\}$ stets lösbar.*

Wir kehren mit diesem Satz nun auch zum Poincaréschen Randwertproblem zurück. Dazu erklären wir den Index des Poincaréschen Randwertproblems über $\lambda = \alpha + \mathrm{i}\beta$ analog zum Index des RHV-Problems.

Beachten wir noch, dass das komplexe Vekuasche Randwertproblem ein Spezialfall des RHV-Randwertproblems ist, ergibt sich aus dem Äquivalenzsatz (Satz 3.4) und dem Satz 6.9 schließlich die nachstehende Erkenntnis.

Satz 6.10. *Seien die Voraussetzungen 1 erfüllt und G zudem die offene Einheitskreisscheibe. Dann ist das Poincarésche Randwertproblem zum Index $n \in \mathbb{N} \cup \{0\}$ immer lösbar.*

6.4 Abschließende Bemerkungen

Wir beenden nun unsere Untersuchungen zur Lösbarkeit der betrachteten Randwertprobleme mit zwei ergänzenden Abschnitten. Einerseits gehen wir auf eine Lösungsdarstellung des RHV-Problems unter einer etwas stärkeren Voraussetzung ein, andererseits übertragen wir die Lösbarkeitsaussagen der Sätze 6.9 und 6.10 auf andere einfach zusammenhängende Gebiete.
Hierbei möchten wir uns allerdings nicht in Details verlieren.

6.4.1 Lösungen unter einer spezielleren Voraussetzung

Zunächst stellen wir eine alternative Vorgehensweise zur Verfügung, die uns unter einer zusätzlichen Voraussetzung neben der Lösbarkeit des RHV-Problems sogar eine Lösungsdarstellung liefert.
Wir erinnern uns an die Abschätzung (6.17) des Satzes 6.6. Aus dieser erhalten wir unmittelbar

$$\sup_{z \in \overline{G}} |Q_n[f](z)| = \|Q_n[f]\|_{C(\overline{G})} \leq M_1(\kappa) \|B\|_{C(\overline{G})} \|f\|_{C(\overline{G})}$$

beziehungsweise

$$\frac{\|Q_n[f]\|_{C(\overline{G})}}{\|f\|_{C(\overline{G})}} \leq M_1(\kappa) \|B\|_{C(\overline{G})}$$

für alle $f \in C(\overline{G}, \mathbb{C})$ mit $\|f\|_{C(\overline{G})} \neq 0$. Es gilt demnach

$$\|Q_n\| \leq M_1(\kappa) \|B\|_{C(\overline{G})} \ .$$

Ist nun

$$\|B\|_{C(\overline{G})} < \frac{1}{M_1(\kappa)}$$

für ein $\kappa \in (0,1)$ richtig, folgt $\|Q_n\| < 1$ und wir können die Neumann-Reihe (Satz 2.6) auf die Operatorgleichung

$$\left(\mathrm{Id}_{C(\overline{G})} -(-Q_n)\right)[f] = \left(\mathrm{Id}_{C(\overline{G})} +Q_n\right)[f] = f + Q_n[f] = g \tag{6.32}$$

für jede rechte Seite $g \in C(\overline{G}, \mathbb{C})$ anwenden. Der Operator $\mathrm{Id}_{C(\overline{G})} +Q_n$ besitzt demnach eine lineare Inverse und die Lösung der Operatorgleichung (6.32) wird durch

$$f = \left(\mathrm{Id}_{C(\overline{G})} +Q_n\right)^{-1}[g] = \sum_{k=0}^{\infty} (-1)^k Q_n^k[g]$$

gegeben.
Zusammen mit dem Satz 6.4 führen uns diese Überlegungen zum folgenden Ergebnis.

Satz 6.11. *Seien die Voraussetzungen 2 erfüllt und komplexe Konstanten $c_k \in \mathbb{C}$, $k = 0, 1, \ldots, 2n$, mit $c_{2n-k} = -\overline{c}_k$ für $k = 0, 1, \ldots, n$ vorgelegt. Zusätzlich existiere ein $\kappa \in (0, 1)$, sodass mit der Konstanten $M_1(\kappa) > 0$ aus (6.17)*

$$\|B\|_{C(\overline{G})} < \frac{1}{M_1(\kappa)} \tag{6.33}$$

für die Koeffizientenfunktion $B \in C(\overline{G}, \mathbb{C})$ gilt. Dann ist die durch

$$f(z) = \sum_{k=0}^{\infty} (-1)^k Q_n^k[g](z)$$

für $z \in \overline{G}$ gegebene Funktion f eine Lösung des kanonischen RHV-Problems zum Index $n \in \mathbb{N} \cup \{0\}$, wobei wir

$$g(z) = P_n[R](z) + \frac{z^n}{2\pi i} \int_{\Gamma} \frac{\zeta + z}{\zeta - z} \, \gamma(\zeta) \, \frac{d\zeta}{\zeta} + \sum_{k=0}^{2n} c_k z^k$$

für $z \in \overline{G}$ setzen.

Bemerkung 6.3. Liegt das RHV-Randwertproblem nicht in kanonischer Form vor, kann die Anwendbarkeit des Satzes 6.11 vor der Überführung in die kanonische Form überprüft werden, da sich der Betrag des Koeffizienten B während dieses Prozesses entsprechend der Ausführungen im Abschnitt 5.5 nicht ändert.

Bemerkung 6.4. Zusammen mit dem Satz 3.3 kann aus dem Satz 6.11 unter den Voraussetzungen 1 auch eine Lösung des Poincaréschen Randwertproblems zum Index $n \in \mathbb{N} \cup \{0\}$ für die Einheitskreisscheibe gewonnen werden, wenn die Funktion $B = \frac{1}{4}(a - ib)$ der Bedingung (6.33) genügt.

6.4.2 Die Lösbarkeit des RHV-Problems für weitere Gebiete

Anhand des Satzes 6.9 haben wir erkannt, dass das RHV-Problem unter den Voraussetzungen 2 auf der Einheitskreisscheibe zu jedem Index $n \in \mathbb{N} \cup \{0\}$ lösbar ist. Davon ausgehend greifen wir eine Idee aus [Ve56, § 4, Abschnitt 2] auf und zeigen die Lösbarkeit des RHV-Problems für weitere Gebiete. Entsprechend der Vereinbarung aus dem Kapitel 2 meinen wir auch hier wieder stets reguläre C^1-Gebiete ohne dies explizit zu erwähnen.

Zunächst beachten wir zwei Definitionen, die wir [Sa04, Kap. IV, § 7] entnehmen.

Definition 6.3 (Konforme Abbildung). Eine Abbildung $\mathcal{K}\colon G_1 \to G_2$ zwischen den beiden Gebieten $G_1 \subset \mathbb{C}$ und $G_2 \subset \mathbb{C}$ bezeichnen wir als konform, wenn die folgenden Bedingungen erfüllt sind:

  a) $\mathcal{K}\colon G_1 \to G_2$ ist bijektiv.

  b) $\mathcal{K}\colon G_1 \to G_2$ ist holomorph.

  c) Es gilt $|\mathcal{K}'(z)|^2 > 0$ für alle $z \in G_1$.

Definition 6.4 (Konform äquivalente Gebiete). Zwei Gebiete $G_1, G_2 \subset \mathbb{C}$ heißen konform äquivalent, wenn eine konforme Abbildung $\mathcal{K}: G_1 \to G_2$ existiert.

Da alle betrachteten Gebiete reguläre C^1-Gebiete sein sollen, kommen wir mit einem Ergebnis von Carathéodory, das sich beispielsweise in [Sa04, Kap. IV, § 8, Satz 1] finden lässt, zur folgenden Aussage.

Satz 6.12. *Es seien $G \subset \mathbb{C}$ die offene Einheitskreisscheibe und $G_0 \subset \mathbb{C}$ ein zu G konform äquivalentes Gebiet. Dann ist die zugehörige konforme Abbildung $\mathcal{K}: G_0 \to G$ stetig auf $\overline{G_0}$ zu einem Homöomorphismus $\mathcal{K}: \overline{G_0} \to \overline{G}$ fortsetzbar.*

Unter den Voraussetzungen 2 sei nun die Funktion $f \in C(\overline{G}, \mathbb{C}) \cap C^1(G, \mathbb{C})$ eine Lösung des RHV-Problems zum Index $n \in \mathbb{N} \cup \{0\}$.

Gleichzeitig sei $G_0 \subset \mathbb{C}$ ein zur offenen Einheitskreisscheibe G konform äquivalentes Gebiet und $\mathcal{K}: G_0 \to G$ die zugehörige konforme Abbildung, die wir entsprechend des Satzes 6.12 stetig auf $\overline{G_0}$ zu einem Homöomorphismus $\mathcal{K}: \overline{G_0} \to \overline{G}$ fortsetzen.

Auf $\overline{G_0}$ erklären wir dann die Funktion g durch

$$g(\zeta) = f(\mathcal{K}(\zeta)) \tag{6.34}$$

für $\zeta \in \overline{G_0}$.

Dabei bemerken wir $g \in C(\overline{G_0}, \mathbb{C}) \cap C^1(G_0, \mathbb{C})$ und berechnen mit $z = \mathcal{K}(\zeta)$ und der komplexen Kettenregel

$$\frac{\partial}{\partial \overline{\zeta}} g(\zeta) = f_{\overline{z}}(z) \, \overline{\mathcal{K}'(\zeta)} \tag{6.35}$$

für alle $\zeta \in G_0$.

Wir erinnern uns, dass die Funktion f die Differentialgleichung

$$f_{\overline{z}}(z) + A(z) \, f(z) + B(z) \, \overline{f(z)} = R(z)$$

für $z \in G$ löst. In dieser setzen wir $z = \mathcal{K}(\zeta)$, multiplizieren sie anschließend mit $\overline{\mathcal{K}'(\zeta)}$ und erhalten unter Beachtung von (6.34) sowie (6.35)

$$g_{\overline{\zeta}}(\zeta) + \overline{\mathcal{K}'(\zeta)} \, A(\mathcal{K}(\zeta)) \, g(\zeta) + \overline{\mathcal{K}'(\zeta)} \, B(\mathcal{K}(\zeta)) \, \overline{g(\zeta)} = \overline{\mathcal{K}'(\zeta)} \, R(\mathcal{K}(\zeta)) \tag{6.36}$$

für jedes $\zeta \in G_0$. Mit

$$A_0(\zeta) = \overline{\mathcal{K}'(\zeta)} \, A(\mathcal{K}(\zeta)) \,, \quad B_0(\zeta) = \overline{\mathcal{K}'(\zeta)} \, B(\mathcal{K}(\zeta)) \quad \text{und} \quad R_0(\zeta) = \overline{\mathcal{K}'(\zeta)} \, R(\mathcal{K}(\zeta))$$

erscheint die Differentialgleichung (6.36) in der Form

$$g_{\overline{\zeta}}(\zeta) + A_0(\zeta) \, g(\zeta) + B_0(\zeta) \, \overline{g(\zeta)} = R_0(\zeta) \tag{6.37}$$

für $\zeta \in G_0$.

Da f außerdem die Randbedingung

$$\mathrm{Re}\left\{\overline{\lambda(z)} \, f(z)\right\} = \gamma(z)$$

für alle $z \in \Gamma$ erfüllt, genügt g mit $z = \mathcal{K}(\zeta)$ und wegen (6.34) auch der Randbedingung

$$\mathrm{Re}\left\{\overline{\lambda_0(\zeta)}\, g(\zeta)\right\} = \gamma_0(\zeta) \tag{6.38}$$

für jedes $\zeta \in \Gamma_0 = \partial G_0$, wobei wir

$$\lambda_0(\zeta) = \lambda(\mathcal{K}(\zeta)) \quad \text{sowie} \quad \gamma_0(\zeta) = \gamma(\mathcal{K}(\zeta))$$

für $\zeta \in \Gamma_0$ gesetzt haben.

Zusammenfassend sehen wir, dass die Funktion $g \in C(\overline{G}_0, \mathbb{C}) \cap C^1(G_0, \mathbb{C})$ die Differentialgleichung (6.37) in G_0 löst und die Randbedingung (6.38) erfüllt, wenn f eine Lösung des RHV-Problems ist.

Unsere Gedanken führen schließlich zum folgenden Ergebnis.

Satz 6.13. *Seien die Voraussetzungen 2 erfüllt, G_0 ein konform äquivalentes Gebiet zur Einheitskreisscheibe G und $\mathcal{K}: G_0 \to G$ die zugehörige konforme Abbildung, die wir nach dem Satz 6.12 stetig auf $\overline{G}_0$ fortsetzen.*
Dann ist das RHV-Problem, das aus der Differentialgleichung

$$g_{\overline{\zeta}}(\zeta) + \overline{\mathcal{K}'(\zeta)}\, A(\mathcal{K}(\zeta))\, g(\zeta) + \overline{\mathcal{K}'(\zeta)}\, B(\mathcal{K}(\zeta))\, \overline{g(\zeta)} = \overline{\mathcal{K}'(\zeta)}\, R(\mathcal{K}(\zeta)) \tag{6.39}$$

für $\zeta \in G_0$ und der Randbedingung

$$\mathrm{Re}\left\{\overline{\lambda(\mathcal{K}(\zeta))}\, g(\zeta)\right\} = \gamma(\mathcal{K}(\zeta)) \tag{6.40}$$

für $\zeta \in \partial G_0$ besteht, stets in der Klasse $C(\overline{G}_0, \mathbb{C}) \cap C^1(G_0, \mathbb{C})$ lösbar.

Bemerkung 6.5. Es kann davon ausgegangen werden, dass das RHV-Problem auf einem Gebiet G_0 im Allgemeinen nicht durch die Differentialgleichung (6.39) und die Randbedingung (6.40) gegeben ist, sondern vielmehr durch eine Differentialgleichung der Gestalt (6.37) und eine Randbedingung der Form (6.38).
Der Satz 6.13 kann dementsprechend nur dann auf das durch (6.37) und (6.38) induzierte RHV-Randwertproblem angewendet werden, wenn zusammen mit der konformen Abbildung $\mathcal{K}: G_0 \to G$ Funktionen A, B und R sowie λ und γ existieren, die unter den Voraussetzungen 2

$$A_0(\zeta) = \overline{\mathcal{K}'(\zeta)}\, A(\mathcal{K}(\zeta)) , \quad B_0(\zeta) = \overline{\mathcal{K}'(\zeta)}\, B(\mathcal{K}(\zeta)) \quad \text{und} \quad R_0(\zeta) = \overline{\mathcal{K}'(\zeta)}\, R(\mathcal{K}(\zeta))$$

für alle $\zeta \in G_0$ beziehungsweise

$$\lambda_0(\zeta) = \lambda(\mathcal{K}(\zeta)) \quad \text{und} \quad \gamma_0(\zeta) = \gamma(\mathcal{K}(\zeta))$$

für jedes $\zeta \in \partial G_0$ erfüllen. Dabei spielt offenbar auch die Regularität der stetigen Fortsetzung $\mathcal{K}: \overline{G}_0 \to \overline{G}$, die in Verbindung zur Regularität des Randes ∂G_0 steht, eine entscheidende Rolle.

Bemerkung 6.6. Erfüllen die Koeffizienten A_0 und B_0 die Bedingung $A_0 = \overline{B}_0$ und ist R_0 eine reellwertige Funktion, kann unter Beachtung der Bemerkung 6.5 auch die Lösbarkeit des Poincaréschen Randwertproblems für weitere Gebiete ermittelt werden.

Am Ende sei noch angemerkt, dass die Kombination dieses und des vorangegangenen Abschnitts unter entsprechenden Voraussetzungen zu einer Lösungsdarstellung des RHV-Problems für weitere Gebiete führt.

Literaturverzeichnis

[AG75] N. I. Achieser, I. M. Glasmann: *Theorie der linearen Operatoren im Hilbert-Raum*, 6. Auflage, Akademie–Verlag, Berlin, 1975.

[Al12] H. W. Alt: *Lineare Funktionalanalysis*, 6. Auflage, Springer–Verlag, Berlin, 2012.

[Be53] L. Bers: *Theory of Pseudo-Analytic Functions*, Institute for Mathematics and Mechanics, New York University, New York, 1953.

[BS76] H. Behnke, F. Sommer: *Theorie der analytischen Funktionen einer komplexen Veränderlichen*, 3. Auflage, Springer–Verlag, Berlin, 1976.

[Ca33] T. Carleman: *Sur les systèmes linéaires aux dérivées partielles du premier ordre à deux variables*, C.R. Acad. Sci. Paris, 197 (1933), 471-474.

[Fi10] G. Fischer: *Lineare Algebra*, 17. Auflage, Vieweg + Teubner, Wiesbaden, 2010.

[Fr09] K. Fritzsche: *Grundkurs Funktionentheorie: Eine Einführung in die komplexe Analysis und ihre Anwendungen*, Spektrum Akademischer Verlag, Heidelberg, 2009.

[HS91] F. Hirzebruch, W. Scharlau: *Einführung in die Funktionalanalysis*, B.I.-Wissenschaftsverlag, Mannheim, 1991.

[Mu65] N. I. Muschelischwili: *Singuläre Integralgleichungen*, Akademie–Verlag, Berlin, 1965.

[Re91] R. Remmert: *Theory of Complex Functions*, Springer–Verlag, New York, 1991.

[RS02] R. Remmert, G. Schumacher: *Funktionentheorie 1*, 5. Auflage, Springer–Verlag, Berlin, 2002.

[Sa04] F. Sauvigny: *Partielle Differentialgleichungen der Geometrie und der Physik: Grundlagen und Integraldarstellungen*, Springer–Verlag, Berlin, 2004.

[Sa05] F. Sauvigny: *Partielle Differentialgleichungen der Geometrie und der Physik 2: Funktionalanalytische Lösungsmethoden*, Springer–Verlag, Berlin, 2005.

[Sa14] F. Sauvigny: *Analysis: Grundlagen, Differentiation, Integrationstheorie, Differentialgleichungen, Variationsmethoden*, Springer–Verlag, Berlin, 2014.

[TV04] W. Tutschke, H. L. Vasudeva: *An Introduction to Complex Analysis: Classical and Modern Approaches*, Chapman & Hall/CRC Press, Boca Raton, 2004.

[Ve56] I. N. Vekua: *Systeme von Differentialgleichungen erster Ordnung vom elliptischen Typus und Randwertaufgaben*, VEB Deutscher Verlag der Wissenschaften, Berlin, 1956.

[Ve63] I. N. Vekua: *Verallgemeinerte analytische Funktionen*, Akademie–Verlag, Berlin, 1963.

Printed in the United States
By Bookmasters